普通高等教育"十三五"规划教材

C#程序设计教程

周洪建　主　编
蔡桂艳　张俊妍　毕志升　副主编

科学出版社
北　京

内 容 简 介

本书以 Visual Studio 2013 为平台，以程序设计为主线，通过对典型示例的分析与实验，将 C#程序设计语言的基本概念、可视化编程技术和面向对象程序设计方法融入示例中，在讲解基本理论和算法的同时，为应用系统的开发与设计及数据分析、图像处理在各领域的应用提供思路。全书共 11 章，内容包括 C#概述、C#程序设计入门、C#语法基础、结构化程序设计、数组、面向对象程序设计基础、Windows 应用程序开发基础、文件、数据库应用开发、C#多线程技术、图形图像编程基础。

本书适合作为本科院校相关专业的教材，也可作为高职院校、培训学校相关课程的教材，还可作为编程爱好者的参考用书。

图书在版编目（CIP）数据

C#程序设计教程/周洪建主编. —北京：科学出版社，2017.12
普通高等教育"十三五"规划教材
ISBN 978-7-03-055743-8

Ⅰ. ①C… Ⅱ. ①周… Ⅲ. ①C 语言-程序设计-高等学校-教材
Ⅳ. ①TP312.8

中国版本图书馆 CIP 数据核字（2017）第 294094 号

责任编辑：吕燕新　王　惠／责任校对：陶丽荣
责任印制：吕春珉／封面设计：东方人华平面设计部

科学出版社 出版
北京东黄城根北街 16 号
邮政编码：100717
http://www.sciencep.com

三河市骏杰印刷有限公司 印刷
科学出版社发行　各地新华书店经销
*

2017 年 12 月第 一 版　开本：787×1092　1/16
2019 年 1 月第二次印刷　印张：20 1/2
字数：472 000
定价：49.00 元
（如有印装质量问题，我社负责调换〈骏杰〉）
销售部电话 010-62136230　编辑部电话 010-62135397-2052

版权所有，侵权必究

举报电话：010-64030229；010-64034315；13501151303

前 言

C#语言是在继承 C++和 Java 等语言优点的基础上演变而来的一种基于.NET 的完全面向对象的编程语言。它避免了 C 语言中复杂的指针和多继承,简单易学且功能强大,能较好地满足软件工程的需要,目前已经成为开发基于.NET 的企业级应用程序的首选语言。

本书根据编者多年的教学实践经验编写而成,在内容上结合初学者的特点,从程序设计的基本思想起步,着重建立学生在计算机方面的知识体系,使学生在掌握计算机程序设计基本知识的同时,提高逻辑思维能力和计算机应用能力,了解可视化编程及面向对象程序设计原理,并运用这些原理和方法,提高处理信息、数据、图像的能力。

本书共 11 章,主要内容如下。

第 1 章介绍.NET 框架、C#语言特点、C#集成开发环境等。

第 2 章介绍 C#代码的编写基础、C#项目组织结构、C#程序的编译和运行、输入/输出操作等。

第 3 章介绍 C#语法基础,包括 C#程序结构、数据类型、变量与常量、运算符与表达式、类型转换、装箱和拆箱等。

第 4 章介绍流程控制语句,包括结构化程序设计的概念、顺序结构、选择结构、循环结构等。

第 5 章介绍数组,包括一维数组、二维数组、Array 类及应用等。

第 6 章介绍 C#面向对象程序设计基础知识,包括类和对象基本概念、C#的常用类、继承与接口、C#命名空间等。

第 7 章介绍 Windows 应用程序设计入门知识和控件的基本用法。

第 8 章介绍目录和文件管理,以及文件的读写等相关操作。

第 9 章介绍数据库应用开发,包括 ADO.NET 的基础知识,以及数据检索、处理、更新和显示等。

第 10 章介绍 C#多线程技术,包括线程的创建、中断、暂停、同步等相关知识。

第 11 章介绍图形图像编程基础,包括 GDI+绘图基础、C#图像处理基础,以及简单的图像处理技术。

本书由周洪建担任主编,由蔡桂艳、张俊妍、毕志升担任副主编。具体编写分工如下：第1～4章由蔡桂艳编写，第5～7章由张俊妍编写，第8～10章由毕志升编写，第11章由周洪建编写，周洪建对全书进行了规划、组稿、修改和定稿。

  为配合教学需要，本书提供了配套的PPT教学课件、书中所有源程序代码及全部习题参考答案，读者可从http://www.abook.cn下载。

  由于编者水平有限，书中难免存在不足和疏漏之处，恳请广大读者提出宝贵意见。

编 者

2017年11月

目 录

第1章 C#概述 1
1.1 程序设计概述 1
1.2 语言概述 1
1.3 .NET 与 C# 2
1.3.1 .NET 框架介绍 2
1.3.2 C#语言特点 3
1.4 C#集成开发环境 5
1.4.1 安装步骤 7
1.4.2 C#集成开发环境 10

第2章 C#程序设计入门 16
2.1 第一个控制台应用程序 16
2.1.1 创建程序 16
2.1.2 编写程序代码 18
2.1.3 编译和运行程序 19
2.1.4 C#程序结构分析 20
2.2 输入/输出操作 22
2.2.1 Console.WriteLine()方法 22
2.2.2 Console.Write()方法 23
2.2.3 Console.ReadLine()方法 24
2.2.4 Console.Read()方法 25
习题 27

第3章 C#语法基础 29
3.1 C#程序结构 29
3.1.1 标识符 29
3.1.2 关键字 29
3.2 数据类型 30
3.2.1 值类型 30

3.2.2 引用类型 32
3.3 变量与常量 33
    3.3.1 变量 34
    3.3.2 常量 34
3.4 运算符与表达式 35
    3.4.1 赋值运算符 35
    3.4.2 算术运算符 35
    3.4.3 关系运算符 37
    3.4.4 逻辑运算符 38
    3.4.5 自增自减运算符 40
    3.4.6 位运算符 41
    3.4.7 复合赋值运算符 43
    3.4.8 条件运算符 45
    3.4.9 其他运算符 46
    3.4.10 优先级和结合性 47
3.5 类型转换 48
    3.5.1 隐式转换 48
    3.5.2 显式转换 49
    3.5.3 其他类型转换方法 51
3.6 装箱和拆箱 52
习题 53

第 4 章 结构化程序设计 56

4.1 结构化程序设计的概念 56
4.2 顺序结构 56
    4.2.1 顺序结构语句 56
    4.2.2 顺序结构程序应用举例 57
4.3 选择结构 60
    4.3.1 if 语句 60
    4.3.2 if…else 语句 61
    4.3.3 else if 语句 64
    4.3.4 switch 语句 66
    4.3.5 选择结构程序应用举例 69
4.4 循环结构 72
    4.4.1 for 语句 72

4.4.2　while 语句与 do…while 语句 ··· 74
　　　4.4.3　循环控制语句 ··· 77
　　　4.4.4　循环的嵌套 ··· 79
　　　4.4.5　foreach 语句 ··· 81
　　　4.4.6　循环结构程序应用举例 ··· 82
　习题 ··· 89

第 5 章　数组 ··· 91

　5.1　数组概述 ··· 91
　5.2　一维数组 ··· 92
　　5.2.1　一维数组的定义 ··· 92
　　5.2.2　一维数组的初始化 ··· 93
　　5.2.3　一维数组元素的引用 ··· 95
　　5.2.4　一维数组的应用 ··· 97
　5.3　二维数组 ··· 103
　　5.3.1　二维数组的定义 ··· 103
　　5.3.2　二维数组的初始化 ··· 104
　　5.3.3　二维数组元素的引用 ··· 105
　　5.3.4　二维数组的应用 ··· 106
　5.4　Array 类及应用 ··· 110
　　5.4.1　Array 类的常用属性和方法 ··· 110
　　5.4.2　Array 类的应用 ··· 111
　习题 ··· 113

第 6 章　面向对象程序设计基础 ··· 115

　6.1　面向对象程序设计的基本概念 ··· 115
　6.2　类和对象 ··· 116
　　6.2.1　类的声明 ··· 116
　　6.2.2　对象 ··· 117
　6.3　类的成员 ··· 119
　　6.3.1　字段 ··· 119
　　6.3.2　属性 ··· 119
　　6.3.3　方法 ··· 121
　　6.3.4　构造函数和析构函数 ··· 131
　6.4　访问控制 ··· 136

6.5 static 关键字 ·· 137
    6.5.1 静态变量与非静态变量 ·· 138
    6.5.2 静态方法和非静态方法的区别 ···································· 139
6.6 C#的常用类 ··· 140
    6.6.1 Math 类与 Random 类 ·· 141
    6.6.2 字符串类 ·· 142
    6.6.3 异常类 ··· 143
6.7 继承与接口 ·· 148
    6.7.1 继承的概念 ··· 148
    6.7.2 继承的实现 ··· 148
    6.7.3 base 关键字 ·· 150
    6.7.4 多态性 ··· 151
    6.7.5 抽象类 ··· 156
    6.7.6 接口 ·· 158
6.8 命名空间 ··· 162
    6.8.1 命名空间的声明 ··· 162
    6.8.2 命名空间的使用 ··· 163
习题 ··· 165

第 7 章 Windows 应用程序开发基础 ·· 167

7.1 Windows 应用程序概述 ·· 167
    7.1.1 Windows 应用程序开发 ·· 167
    7.1.2 事件处理机制 ·· 169
    7.1.3 窗体 ·· 170
7.2 控件概述 ··· 173
    7.2.1 控件的添加与删除 ·· 173
    7.2.2 控件的基本属性、事件和方法 ·································· 174
7.3 常用控件 ··· 177
    7.3.1 标签 ·· 177
    7.3.2 文本框 ··· 178
    7.3.3 命令按钮 ·· 181
    7.3.4 单选按钮 ·· 183
    7.3.5 复选框 ··· 184
    7.3.6 面板和分组框 ·· 186
    7.3.7 列表框 ··· 188

  7.3.8 复选列表框 ··· 190
  7.3.9 组合框 ··· 192
  7.3.10 定时器 ··· 194
  7.3.11 菜单栏 ··· 195
  7.3.12 消息对话框 ··· 201
 7.4 多文档窗体应用程序 ··· 206
  7.4.1 SDI 和 MDI 概述 ··· 206
  7.4.2 MDI 应用程序的创建 ··· 206
 习题 ··· 207

第 8 章 文件 ··· 212

 8.1 文件存储管理 ··· 212
  8.1.1 目录管理 ··· 212
  8.1.2 文件管理 ··· 218
 8.2 流 ··· 225
  8.2.1 FileStream 类 ··· 225
  8.2.2 文本文件的读写 ··· 227
  8.2.3 二进制文件的读写 ··· 232
 习题 ··· 235

第 9 章 数据库应用开发 ··· 237

 9.1 在数据集设计器中创建连接 ··· 237
 9.2 ADO.NET 对象 ··· 238
  9.2.1 Connection 对象 ··· 238
  9.2.2 Command 对象 ··· 239
  9.2.3 DataColumn 对象和 DataRow 对象 ··· 241
  9.2.4 DataReader 对象 ··· 243
  9.2.5 DataSet 对象 ··· 245
  9.2.6 DataAdapter 对象 ··· 248
 9.3 使用 DataGridView 控件绑定和显示数据 ··· 254
 习题 ··· 257

第 10 章 C#多线程技术 ··· 259

 10.1 多线程程序 ··· 259
  10.1.1 创建线程 ··· 259

10.1.2 暂停和中断线程·················263
10.1.3 销毁线程·····················267
10.2 线程的优先级······················269
10.3 线程同步·························271
10.3.1 lock 关键字···················272
10.3.2 监视器······················274
习题·····························276

第 11 章 图形图像编程基础·················277

11.1 GDI+绘图基础······················277
11.1.1 GDI+概述····················277
11.1.2 Graphics 类···················278
11.1.3 GDI+中常用的结构················281
11.1.4 常用画图对象···················284
11.1.5 坐标轴变换····················291
11.1.6 基本图形绘制举例·················293
11.2 C#图像处理基础·····················299
11.2.1 C#图像处理概述·················300
11.2.2 彩色图像处理···················306
习题·····························315

参考文献···························317

第1章 C#概述

1.1 程序设计概述

什么是程序设计？有一个著名的公式：程序设计=数据结构+算法。其中，程序设计即编程；数据结构是非数值计算的程序设计问题中计算机的操作对象，也是它们之间的关系和操作；算法是对特定问题求解步骤的一种描述，是对指令的有序排列。简单地说，程序设计就像盖房子，数据结构是砖、瓦，算法就是设计图纸。若想盖房子，首先必须有原料（数据结构），然后按照设计图纸（算法）的说明，一砖一瓦地砌出来。程序设计也一样，编译工具（如 Visual Studio、Eclipse、Visual Basic、Free Pascal 等）中有各种功能语句（如 C#、Java、BASIC、Pascal 等）或基本结构（如 Read、Write、Real、Boolean 等），它们不会自动排列成需要的程序代码。我们需要按照程序规定的语法编写程序，而程序的功能是实现目标，是算法的具体体现。所以，按照特定的规则，把特定的功能语句和基本结构按照特定的顺序排列起来，形成一个有特定功能的程序，这就是程序设计=数据结构+算法。在程序设计中，数据结构就像物质，算法就是意识。这就如同哲学上所说，意识是依赖于物质而存在的，物质是由于意识而发展的，双方相互依存、缺一不可。

数据结构内容不多，仅有一些基本数据类型（如整型、实型、布尔型、字符型等）和用户自定义的数据结构（如数组、集合、文件、指针等）。可是算法却不同，它的种类多样，可使数据以任何符合语法和功能要求的方式排列。这就是算法的灵活性、不固定性。

程序设计有以下两种描述方式。

1）程序设计是使用一些指令来实现某种功能的过程。计算机只能识别一种语言——机器语言，它是由 0 和 1 组成的指令。由其他语言编写的程序最终要转换成二进制的机器语言才能被计算机执行，这个过程是通过编译器或解释器实现的。

2）程序设计是给出解决特定问题程序的过程，是软件构造活动中的重要组成部分。程序设计往往以某种程序设计语言（本书为 C#）为工具，给出该语言的程序。程序设计过程应包括分析、设计、编码、测试、排错等阶段。

1.2 语言概述

计算机只能识别机器语言，但是为什么能够使用各种语言编写程序呢？这是因为现在使用的计算机采用冯·诺依曼存储程序式体系，包括控制器、运算器、存储器、输入设备和输出设备。

冯·诺依曼式计算机具体的工作流程：在控制器的指挥下，①运算器从存储器取出指令；②运算器分析指令，得到计算命令和待操作数，传送到存储器；③运算器从存储器取出待操作数；④运算器计算出结果；⑤运算器将结果输出到存储器，输出设备。

存储器分为寄存器（位于 CPU 内部，用于存放指令、待操作数和结果）、高速缓存（通常位于 CPU 内部，用作数据缓冲区）、内存储器、外存储器。而指令是预先定义的由 CPU 执行的命令，即 CPU 的指令集。具体的指令以二进制码表示，包含一个或多个字节，由指令码（具体命令）和操作数（要操作的数或地址）构成。在具体的执行中，首先要把宏观层次的命令转换为满足指令集要求的二进制代码，然后才能在计算机上运行。

程序的执行就是在以上基础进行的，开始使用机器语言时，具体的命令形式如 100101010101001100011110。虽然这种底层命令能够直接与计算机进行交互，但是一般人难以接受。于是就出现了用助记符代替机器指令的汇编语言，如 add 2,3，相对来说比较友好；接着出现了高级语言，其更加抽象，但接近一般人的思维习惯，如 d=a*b+c。高级语言将很多细节封装起来，人们直接使用即可，不用掌握其具体的转换方法，即具体的编译方法。否则，一条程序语句有可能转换为多条指令，其执行的次序和次数、各种内存地址和数据的调用就足够使人望而却步。程序设计语言的各个发展阶段如图 1-1 所示。

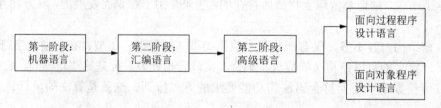

图 1-1　程序设计语言的各个发展阶段

1.3　.NET 与 C#

1.3.1　.NET 框架介绍

.NET 的全称是 Microsoft .NET，是一个新的开发平台，.NET Framework（框架）是其核心部分。.NET Framework 是集成在 Windows 系统中的组件，它支持生成和运行下一代应用程序与 XML Web Services，开发思路是敏捷软件开发（agile software development，ASD）、快速应用开发（rapid application development，RAD）、平台无关性和网络透明化。

.NET Framework 包括应用程序开发技术、.NET Framework 类库、基类库和公共语言运行时（common language runtime，CLR）4 部分。

1. 应用程序开发技术

应用程序开发技术包括 WinForms 技术、Web 应用程序技术等高级编程技术，它位于.NET 架构的顶端。这些应用程序均可使用 Visual C# .NET、Visual C++ .NET、Visual Basic .NET 等来编写。

2. .NET Framework 类库

.NET Framework 类库提供了用于应用程序开发的通用接口，它是支持开发人员进行系统开发的功能性接口的集合。开发人员可以使用这些功能接口更方便地开发出各种形式的应用程序。.NET Framework 的主要类库包括数据库访问类库（ADO.NET 等）、文件管理类库、网络编程类库、正则表达式和消息支持等。

3. 基类库

基类库为开发人员提供了访问底层的一系列接口，通过这些接口，开发人员不需要了解具体的底层实现就可以完成输入/输出（I/O）操作、多线程支持等底层功能。

4. 公共语言运行时

公共语言运行时是.NET Framework 的核心内容。所有用.NET 开发的应用程序都是在公共语言运行时上运行的，它为应用程序提供了许多核心服务，如内存管理、线程管理、文件管理及远程处理等。

1.3.2　C#语言特点

C#是微软公司专门为.NET 平台开发的一种语言。使用 C#开发的应用程序是基于.NET 应用程序的，具有良好的安全性和跨平台性。利用 Visual Studio .NET 的"所见即所得"功能，可以使整个开发过程更为简洁、明快。

自微软公司开发 C#语言以来，C#语言就受到了广泛的关注，从系统开发到网站设计，各处都能应用到 C#的知识。

C#是由 C、C++语言发展而来的，它在继承 C、C++语言强大功能的同时抛弃了它们的一些复杂特性，从而变得相对简单。C#中没有宏，没有模板，不允许多重继承，不再强调使用指针，抛弃了大多数令读者头疼的特性。C#在语法、思维方面与 Java 有着很大的相似性。总体来讲，C#具有以下优点。

1. 简洁的语法

默认情况下，C#的代码在.NET 框架提供的"可操纵"环境下运行，不允许直接进行内存操作。它所具有的最大特色是没有指针。与此相关的是，那些在 C++中使用的操作符（如":""→"）不再出现。

2. 精心地面向对象设计

C#语言是完全按照面向对象的思想来设计的，因此它具有面向对象所应有的一切特性：封装、继承和多态性。C#语言只允许单继承，即一个类不会有多个基类，从而避免了类型定义的混乱。在 C#语言中，每种类型都是一个对象，因此不存在全局函数、全局变量和全局常数等概念。所有常量、变量、属性、方法、索引和事件等都必须封装在类中，从而使代码具有更好的可读性，也减少了命名冲突的可能。

在 C#的类型系统中，每种类型都可以看作一个对象。C#提供了一种装箱（boxing）与拆箱（unboxing）的机制来完成这种操作，而不给使用者带来麻烦。

3. 与 Web 紧密结合

.NET 中新的应用程序开发模型意味着越来越多的解决方案需要与 Web 标准相统一，如超文本标记语言（hyper text markup language，HTML）和可扩展标记语言（extensible markup language，XML）。对于开发人员来说，有了 Web 服务框架的帮助，网络服务就如同 C#的本地对象。开发人员能够利用已有的面向对象知识与技巧开发 Web 服务。仅需要使用简单的 C#语言结构，即可驱动 C#组件为 Web 服务，并允许它们通过 Internet 被运行在任何操作系统上的任何语言所调用。

4. 完整的安全性与错误处理

安全性和错误处理能力是衡量一种语言是否优秀的重要依据，C#语言可以避免很多软件开发中的常见错误，并提供了包括类型安全在内的完整的安全性能。

默认情况下，从 Internet 和 Intranet（企业内部网）下载的代码都不允许访问任何本地文件和资源；C#语言不允许使用未初始化的变量，并提供了边界检查与溢出检查等功能。其在内存管理中提供的垃圾回收机制也大大减轻了开发人员的内存管理负担。

5. 版本处理技术

C#语言内置了版本控制功能，如对函数重载和接口的处理方式及特性支持等，从而保证方便地开发和升级复杂的软件。

6. 灵活性与兼容性

灵活性是指在托管状态下，C#语言不使用指针，而是用委托（delegate）来模拟指针的功能。兼容性是指 C#语言允许与具有 C 或 C++语言风格的需要传递指针型参数的应用程序编程接口（application programming interface，API）进行交互操作，允许 C#语言组件与其他语言组件间进行交互操作等。

在微软公司提供的.NET 框架中，可以用 C#开发 C/S 应用和 Web 应用，并且可以在一个项目中混合使用 C#和 VB（Visual Basic）语言。从某种意义上讲，.NET 框架和 Java 虚拟机有很多相似之处。C#的语法规则和 C++非常相似，有 C 语言基础的开发者比较容易入手。

1.4　C#集成开发环境

2002 年，微软公司推出第一款基于.NET 架构的开发工具 Visual Studio .NET。该架构将强大功能与新技术结合起来，用于构建具有良好视觉体验的应用程序，实现跨技术边界的无缝通信，并且支持各种业务流程。另外，后续版本的 Visual Studio 都继承了这种架构。版本简表如表 1-1 所示（更新至 2017 年）。

表 1-1　版本简表

名称	内部版本	支持.NET Framework 版本	发布日期	备注
Visual Studio .NET 2002	7.0	1.0	2002-02-13	—
Visual Studio .NET 2003	7.1	1.1	2003-04-24	—
Visual Studio 2005	8.0	2.0	2005-11-07	微软公司将".NET"字样从产品名称中移除
Visual Studio 2008	9.0	2.0、3.0、3.5	2007-11-19	移除 Visual J#
Visual Studio 2010	10.0	2.0、3.0、3.5、4.0	2010-04-12	加入 Visual F#
Visual Studio 2012	11.0	2.0、3.0、3.5、4.0、4.5	2012-09-12	支持开发 Windows UI 应用程序
Visual Studio 2013	12.0	2.0、3.0、3.5、4.0、4.5、4.5.1、4.5.2、4.6、4.6.1、4.6.2	2013-10-17	对 Windows 8.1 提供支持
Visual Studio 2015	14.0	2.0、3.0、3.5、4.0、4.5、4.5.1、4.5.2、4.6、4.6.1、4.6.2	2014-11-10	—
Visual Studio 2017	15.0	2.0、3.0、3.5、4.0、4.5、4.5.1、4.5.2、4.6、4.6.1、4.6.2	2017-03-08	

微软公司打破了 Visual Studio 两年升级一次的传统，Visual Studio 2012 发布后相隔一年，微软公司就发布了 Visual Studio 2013。与 Visual Studio 2012 相比，Visual Studio 2013 新增了代码信息指示（code information indicators）、团队工作室（team room）、身份识别、.NET 内存转储分析仪、敏捷开发项目模板、Git 支持及更强大的单元测试支持。

本书操作均以 Visual Studio 2013 为平台，下面对 Visual Studio 2013 的几个主要功能进行简单介绍。

1. 支持 Windows 8.1 APP 开发

Visual Studio（以下简称"VS"）2013 提供的工具集非常适合生成在 Windows 8.1 平台上运行的新式应用程序，同时在所有 Microsoft 平台上支持设备和服务；支持在 Windows 8.1 预览版中开发 Windows 应用商店应用程序，具体表现在对工具、控件和模板进行了许多更新，对于可扩展应用程序标记语言（extensible application markup language，XAML），应用程序支持新近提出的编码 UI 测试、用于 XAML 和 HTML 应用程序的 UI 响应能力分析器与能耗探查器，增强了用于 HTML 应用程序的内存探查工具，以及改进了与 Windows 应用商店的集成。

2. 敏捷项目管理

Visual Studio 2013 提供敏捷项目组合管理，提高团队协作。Team Foundation Server（以下简称"TFS"）2012 已经引入了敏捷项目管理功能，在 TFS 2013 中该功能得到进一步完善（如需求列表 backlog 的应用）。TFS 擅长处理流程分解，为不同层级的人员提供不同级别的需求列表，同时支持多个 Scrum 团队分开管理各自的需求列表，最后汇总到更高级的需求列表。

3. 应用生命周期管理

在得到有效应用的情况下，应用生命周期管理（application lifecycle management，ALM）实践方法可以消除团队之间的壁垒，使企业能够克服挑战，更快速地提供高质量的软件，还可以减少浪费、缩短时间周期和提高业务灵活性。

4. 版本控制

VS 一直在改进自身的版本控制功能，包括 Team Explorer 新增的 Connect 功能，可以帮助用户同时关注多个团队项目。新的 Team Explorer 主页也更简洁、明确，各任务之间切换也更加方便。同时，由于众多用户反馈，VS 2013 已恢复更改挂起（pending changes）功能。如果对 VS、TFS 有建议或者意见，用户可以向 VS 开发团队反馈。

5. 轻量代码注释

轻量代码注释（lightweight code commenting）与 VS 高级版中的代码审查功能类似，可以通过网络进行简单的注释。

6. 编程过程

在编程过程中，VS 2013 增强了代码提示功能，能在编码的同时帮助开发人员检查错误，并通过多种指示器进行提示。此外，VS 2013 中还增加了内存诊断功能，能对潜在的内存泄漏问题进行提示。

7. 测试方面

VS/TFS 2013 进一步完善了测试功能。VS 2013 中还新增了测试用例管理功能，能够在不开启专业测试客户端的情况下对测试计划进行全面管理，包括通过网络创建或修改测试计划、套件及共享步骤。自 VS 2005 以来，VS 已经拥有了负载测试功能，VS 2013 中的云负载测试大大简化了负载测试的流程。

8. 发布管理

近些年，产品的发布流程明显更加敏捷，因此很多开发人员需要更快、更可靠并且可重复的自动部署功能。在 2013 年的 TechEd 大会上，微软公司宣布与 InCycle Software 公司达成协议，收购后者旗下的发布管理工具 InRelease。由此，InRelease 成为 TFS 原生发布解决方案。

9. 团队协作

顾名思义，TFS 的核心要务之一就是改进软件开发团队内部的协作。TFS 2013 通过新增团队工作室来进一步加强该特性，通过该特性，登记、构建、代码审查等一切操作都被记录下来。TFS 2013 还支持代码评论功能。

1.4.1 安装步骤

1）在 VS 2013 安装文件所在文件夹中双击 vs_ultimate.exe 文件，如图 1-2 所示。

2）选择安装路径，选中"我同意许可条款和隐私策略"复选框，单击"下一步"按钮，如图 1-3 所示。

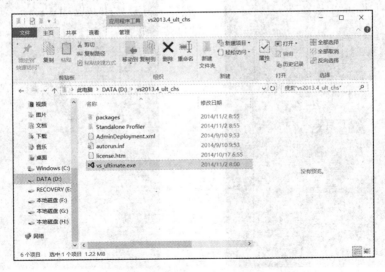

图 1-2　安装文件

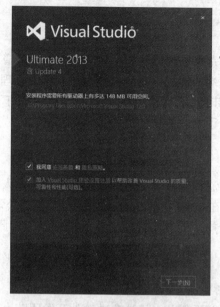

图 1-3 选择安装路径

3）进入选择功能界面，根据自己的需要选择相关选项，单击"安装"按钮，如图 1-4 所示。

4）安装界面如图 1-5 所示。安装成功后，界面如图 1-6 所示，单击"启动"按钮。

5）由于 VS 2013 引入了一种联网体验，用户可以使用微软账户登录 Visual Studio，界面如图 1-7 所示。

图 1-4 选择功能界面

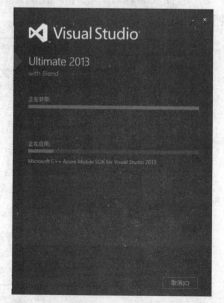

图 1-5 安装界面

第 1 章 C#概述

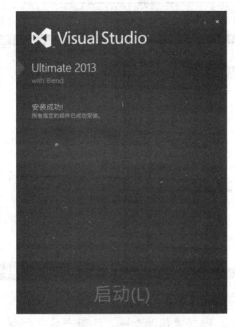

图 1-6　安装成功界面

图 1-7　登录界面

6）第一次打开 VS 2013，需要进行一些基本配置，如开发设置、颜色主题，如图 1-8 所示。可以根据自己的需求设置，然后单击"启动 Visual Studio"按钮，显示起始页，如图 1-9 所示。

图 1-8　启动界面设置

图 1-9　起始页

7）进行注册，否则软件只有 30 天的试用期。选择"帮助"→"注册产品"命令，弹出"产品信息"对话框，显示软件的注册状态为 30 天试用期。单击"更改我的产品许可证"链接，弹出"输入产品密钥"对话框，输入产品密钥。

1.4.2　C#集成开发环境

VS 为使用者提供了功能强大且易于操作的集成开发环境（integrated development environment，IDE），使用 VS 开发应用程序的大部分工作可以通过该集成开发环境来完成。在 Windows 系统中，启动 VS 后出现在屏幕上的画面就是 C#的集成开发环境（图1-10）。C#的集成开发环境也称为 C#的主窗口，主要由菜单栏、工具栏、工具箱、代码编辑窗口、解决方案资源管理器、属性窗口等组成。

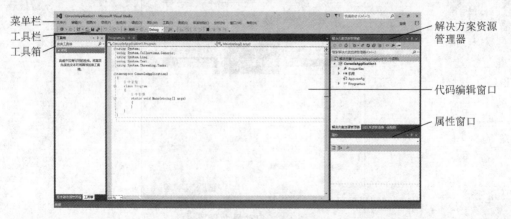

图 1-10　C#的集成开发环境

第1章 C#概述

1. 菜单栏

菜单栏除了提供标准的"文件""编辑""视图""窗口""帮助"菜单之外，还提供了编程专用的功能菜单，如"项目""生成""调试""工具""测试""分析"等。

编写项目过程中需要用到的任何功能，都能在菜单中找到。在本书的前期学习中，用得较多的命令是"文件"→"新建"和"最近使用的项目和解决方案"（图1-11），"生成"→"生成解决方案"和"重新生成解决方案"（图1-12），以及"调试"→"启动调试"和"开始执行（不调试）"（图1-13）等。

1) "新建"命令用于新建一个解决方案，也是进行编程的第一步。

2) 通过"最近使用的项目和解决方案"命令可以方便地重新打开之前建立的解决方案，而无须打开解决方案的存放文件夹。

3) 编写完代码后，需要将代码由高级语言（本书是C#）编译成机器语言，这时就要用到"生成"命令。解决方案是若干个有联系的项目的组合，所以"生成解决方案"命令会对所有项目都进行生成。例如，解决方案里有3个项目a、b、c，a项目用到b项目，b项目用到c项目，它会按顺序生成c→b→a，然后把c、b的.dll文件都放到a的bin目录下。

4) 生成解决方案后，可以通过运行解决方案来检查、测试代码是否正确，这时可以使用"启动调试"和"开始执行（不调试）"命令。两者的区别在于，"启动调试"命令在执行完控制台代码后，会立即结束程序的运行；而"开始执行（不调试）"命令则停留在控制台界面，等待用户按任意键来结束。

图1-11 "文件"菜单

图1-12 "生成"菜单

图 1-13 "调试"菜单

5)"视图"菜单也是比较常用的菜单，如图 1-14 所示。在编程过程中，经常会发生一些误操作使某些窗口关闭，使用"视图"菜单可以重新打开被关闭的功能窗口。

图 1-14 "视图"菜单

第1章 C#概述

2. 工具栏

工具栏一般位于菜单栏的下方，如图 1-15 所示。C#主窗口的工具栏由若干命令按钮组成，在编程环境下提供对于常用命令的快速访问。其中，"保存"按钮和"启动"按钮较为常用。

图 1-15 工具栏

3. 工具箱

工具箱位于 C#主窗口的左侧，如图 1-16 所示。它提供了软件开发人员在设计应用程序界面时经常需要使用的工具（控件）。这些控件以图标的形式存放在工具箱中，软件开发人员在设计应用程序时可以通过这些控件在窗体上"画"出应用程序的界面。

图 1-16 工具箱

4. 代码编辑窗口

当创建一个控制台应用程序时，C#主窗口显示的是代码编辑器；当创建一个 Windows 窗体应用程序时，C#主窗口显示的是窗体设计器。

（1）代码编辑器

代码编辑器的作用是编写应用程序代码。代码编辑器中有两个下拉列表框，一个是

"对象"下拉列表框,另一个是"事件、方法"下拉列表框。从"对象"下拉列表框中选定要编写代码的对象,再从"事件、方法"下拉列表框中选定相应的事件,则可非常方便地为对象编写事件过程。

(2) 窗体设计器

窗体设计器如图 1-17 所示。它是一个用于设计应用程序界面的自定义窗口。应用程序中每一个窗体都有自己的窗体设计器。窗体设计器总是和它中间的窗体一起出现,在启动 C#创建一个 Windows 窗体应用程序时,窗体设计器和它中间的初始窗体"Form1"一起出现。

5. 解决方案资源管理器

在 C#中,项目是一个独立的编程单位,其中包含窗体文件和其他一些相关的文件,若干个项目就组成了一个解决方案。解决方案资源管理器以树状结构显示整个解决方案中包含的所有项目及每个项目的组成信息,如图 1-18 所示。在 C#中,所有包含 C#代码的源文件都是以.cs 为扩展名的,而不论它们是包含窗体还是普通代码。在解决方案资源管理器中双击该文件,即可对其进行编辑。

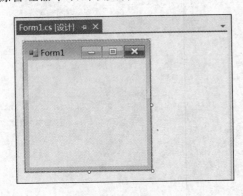

图 1-17 窗体设计器

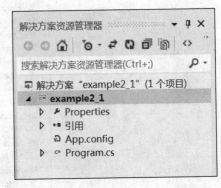

图 1-18 解决方案资源管理器

6. 属性窗口

属性窗口如图 1-19 所示,它用于显示和设置所选定的控件或窗体等对象的属性。在设计应用程序时,可通过属性窗口设置或修改对象的属性。属性窗口由标题栏、对象下拉列表框、属性列表框及属性说明几部分组成。单击标题栏下对象下拉列表框右侧的下拉按钮,打开其下拉列表,可从中选取本窗体内的各个对象,选定对象后,下面的属性列表框中就会列出与该对象有关的各个属性及其值。

图 1-19 属性窗口

属性窗口设有"按字母序"和"按分类序"两个选项卡,可分别将属性按字母或按分类顺序排列。当选中某一属性时,其下面的说明框中就会给出该属性的相关说明。

第 2 章 C#程序设计入门

2.1 第一个控制台应用程序

.NET 可以实现多种应用，包括控制台应用程序、Windows 窗体应用程序及 Web 应用程序。控制台应用程序是指没有图形化的用户界面，用户通过命令行方式与计算机交互，文本的输入、输出都是通过标准控制台实现的。首先来实现简单的 C#控制台程序：在控制台窗口输出一行文字"Hello, World!"。

2.1.1 创建程序

具体操作步骤如下：

1）从"开始"菜单启动 VS 2013，如图 2-1 所示。

图 2-1 启动 VS 2013

2）选择"文件"→"新建"→"项目"命令，如图 2-2 所示。

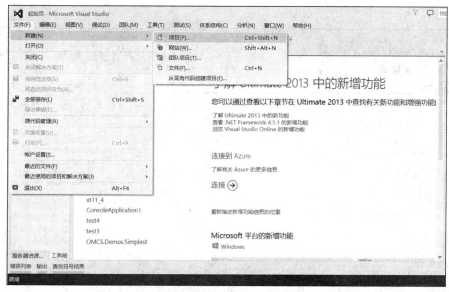

图 2-2　选择菜单命令

3）弹出图 2-3 所示的"新建项目"对话框，在左侧列表框中选择"Visual C#"选项，在中间列表框中选择"控制台应用程序"选项，在"名称"文本框中输入"HelloWorld"，在"位置"下拉列表框中选择保存该项目的目录，或单击"浏览"按钮选择目录。

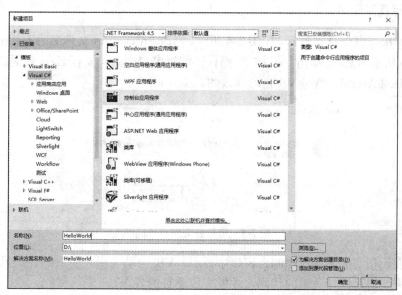

图 2-3　"新建项目"对话框

4)单击"确定"按钮,关闭"新建项目"对话框,VS自动生成代码,如图2-4所示。

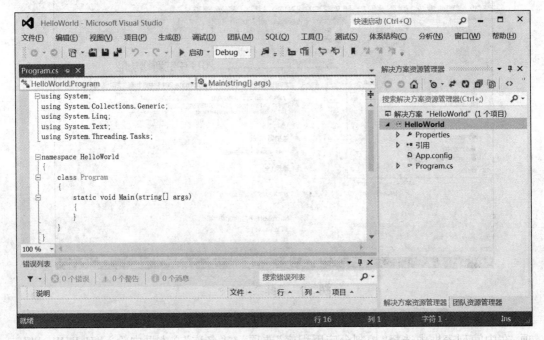

图 2-4 自动生成代码

2.1.2 编写程序代码

查看解决方案资源管理器,如图2-4所示。修改Program.cs文件名为HelloWorld.cs,弹出图2-5所示消息框,单击"是"按钮,则代码编辑窗口中的第9行class后面的Program也会变为HelloWorld,这是VS自动修改的。

图 2-5 重命名文件消息框

如何能让指定的文字在控制台窗口中显示?VS自动为用户生成的代码只是一个框架,用户需要自己添加关键的代码,才能完成题目的要求。

查看主窗口,在第12、13行中间插入两行,添加如下内容:

　　//在控制台输出文字

```
Console.WriteLine("Hello, World!");
```

其代码编辑窗口如图2-6所示。

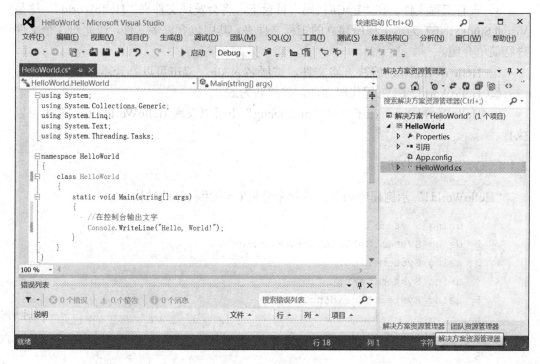

图2-6 代码编辑窗口

2.1.3 编译和运行程序

程序设计完成后，就可以保存并预览文件，观察各功能是否都已实现。要编译一个C#应用程序，应选择"生成"→"生成解决方案"命令。这时，C#编译器将编译、链接程序，最终生成可执行文件。

1）保存文件，选择"生成"→"生成解决方案"命令。

2）待生成结果后，按【Ctrl+F5】组合键，或者选择"调试"→"开始执行（不调试）"命令，启动程序后，运行结果如图2-7所示。

图2-7 运行结果

快捷键【F5】与【Ctrl+F5】组合键的区别：按【F5】键表示"调试并运行"，其功能相当于工具栏中的"启动"按钮，VS会跟踪该程序，保存断点数据；而按【Ctrl+F5】

组合键表示"不调试,直接运行",其相当于直接双击生成的.exe 文件,而不会产生断点数据。

3)查看工程文件。在"E:\C#代码"目录下,将会发现文件夹"HelloWorld",这是 Visual Studio .NET 为本工程所建立的工程文件夹。其中包含许多文件,在此对 3 个文件进行简单介绍。

① HelloWorld.sln:解决方案文件,扩展名为.sln,双击可以打开本工程。
② HelloWorld.cs:工程代码文件,扩展名为.cs。
③ HelloWorld.exe:在子目录"bin\Debug"下可以发现 HelloWorld.exe,双击可以执行。

2.1.4 C#程序结构分析

"HelloWorld!"示例程序如下,借此来分析 C#应用程序的结构。

```
1  using System;
2  using System.Collections.Generic;
3  using System.Linq;
4  using System.Text;
5  using System.Threading.Tasks;
6
7  namespace HelloWorld
8  {
9      class HelloWorld
10     {
11         static void Main(string[] args)
12         {
13             //在控制台输出文字
14             Console.WriteLine("Hello, World! ");
15         }
16     }
17 }
```

说明:

1)第 1 行 using System 语句表示导入 System 命名空间。using 是关键字(参考 3.1.2 节),System 是命名空间。编写代码时,需要用到一些系统预先定义好的类及方法,这些类和方法是放在命名空间里的,导入之后才可以方便地使用。一个程序一般有多个 using 语句,如该程序的第 1~5 行。

2)第 7 行是 namespace(命名空间)声明。一个 namespace 是一系列的类。HelloWorld 命名空间包含了类 HelloWorld。

3)第 9 行是 class(类)声明。类 HelloWorld 包含了程序使用的数据和方法声明。

类一般包含多个方法。方法定义了类的行为。在这里，HelloWorld 类只有一个 Main() 方法。

4）第 11 行定义了 Main()方法，它是所有 C#程序的入口，在该处创建对象和调用其他方法。

一个 C#程序只能有一个入口，而 Main()方法是程序入口，程序控制在该方法中开始和结束。该方法是类或结构的内部声明。需要注意的是，它必须为静态方法，而不应为公共方法，它可以具有 void 或 int 类型。在声明 Main()方法时既可以使用参数，也可以不使用参数。参数可以作为从零开始索引的命令行参数来读取。

5）第 13 行是注释，"//" 及后面的内容将会被编译器忽略，不会执行。

在程序编写过程中常常需要对程序中比较重要或需要注意的地方作说明，但这些说明又不参与程序的执行，这就是注释。在程序代码中加上注释，能使阅读者明白代码执行的过程。代码注释不仅不会浪费编程时间，而且会使程序看起来更加清晰完整。

常规注释有以下两种方式：

单行——以"//"符号开始，任何位于该符号之后的本行文字都视为注释。

多行——以"/*"符号开始，以"*/"结束。任何介于这对符号之间的文字都被视为注释。

注意：

① 避免在"//"符号之后使用"\"符号，因为该符号在 C#中是一个连续符，容易导致错误。

② 在分隔符"/*"和"*/"之间不能有嵌套的注释。这是因为编译器从遇到第一个分隔符"/*"开始将忽略下一个"/*"，直至遇到一个匹配的分隔符"*/"才认为注释结束，这样编译器就会对多余的"/*"报错，认为没有"*/"与之相匹配。

6）第 14 行通过语句 Console.WriteLine("Hello,World!");指定了 Main()方法的行为，即在控制台输出"Hello,World!"。

程序所完成的输入/输出功能都是通过 Console 类来完成的。Console 是在命名空间 System 中定义好的类。Console 类提供了两种基本方法：WriteLine()方法和 ReadLine()方法。Console.ReadLine()表示接收输入设备输入，Console.WriteLine()则用于在输出设备上输出。

在本示例中，需要特别注意以下几个方面。

1）C#对大小写是很敏感的。

2）所有的语句和表达式必须以分号（;）结尾。

3）C#程序的执行总是从 Main()方法开始。一个程序中只不允许有一个 Main()方法。对于习惯了写 C 控制台程序的开发人员，要谨记 C#中 Main()方法必须被包含在一个类中。

4）在 C#程序中，无论是命名空间、类还是方法，都需要一对花括号"{}"来表示开始和结束。程序中每一对花括号"{}"构成一个块,连同内部的程序一起,称为语句块。花括号必须成对出现,可以嵌套使用,即花括号内可以还有花括号,如命名空间 HelloWorld 开始的位置是第 8 行的"{",结束的位置是第 17 行的"}"。

5) 与 Java 不同的是,C#的文件名可以不同于类的名称。

2.2 输入/输出操作

程序接收一定的数据输入,并对所输入的数据进行处理,将处理结果反馈给用户(输出),这就实现了编写程序的交互功能。一般情况下,数据的输入方式有两种:从控制台输入和从文件中输入。数据的输出也有两种情况:输出到控制台和输出到文件中。这里将介绍控制台的输入和输出,文件系统的输入和输出将在第 8 章介绍。

控制台(console)的输入/输出主要通过命名空间 System 中的 Console 类来实现。该类表示标准的输入/输出流和错误流,它提供了从控制台读写字符的基本功能。控制台输入主要是通过 Console 类的 Read()方法和 ReadLine()方法来实现的,控制台输出主要是通过 Console 类的 Write()和 WriteLine()方法来实现的。

2.2.1 Console.WriteLine()方法

WriteLine()方法的作用是将信息输出到控制台,并且在输出信息的后面添加一个回车换行符来产生一个新行。

在 WriteLine()方法中,可以采用"{N[,M][:格式化字符串]}"的形式来格式化输出字符串,其中的参数含义如下:

1) 花括号"{}"用来在输出字符串中插入变量的值。

2) N 表示输出变量的序号,从 0 开始,如当 N 为 0 时,则对应输出第 1 个变量的值,当 N 为 1 时,则对应输出第 2 个变量的值,以此类推。

3) [,M]是可选项,其中 M 表示输出的变量所占的字符个数。当这个变量的值为负数时,输出的变量按照左对齐方式排列;当这个变量的值为正数时,输出的变量按照右对齐方式排列。

4) [:格式化字符串]也是可选项,因为在向控制台输出时,常常需要指定输出字符串的格式。

【例 2.1】利用 Console.WriteLine()方法输出变量值。

程序代码如下:

```
using System;
using System.Collections.Generic;
using System.Linq;
using System.Text;
```

```
using System.Threading.Tasks;

namespace example2_1
{
    class Program
    {
        static void Main(string[] args)
        {
            int i=12345; double j=123.456;
            Console.WriteLine("i={0,8}    j={1,10}", i, j);
            Console.WriteLine();
            Console.WriteLine("i={0,-8}   j={1,-10}", i, j);
        }
    }
}
```

运行结果如图 2-8 所示。

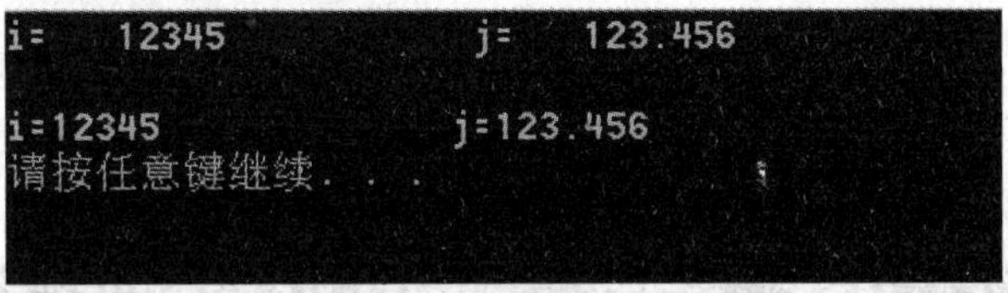

```
i=   12345          j=   123.456
i=12345             j=123.456
请按任意键继续. . .
```

图 2-8 例 2.1 运行结果

本例中输出了 3 行，第 1 行由 Console.WriteLine("i={0,8}   j={1,10}", i , j);语句控制输出按照右对齐的方式排列（可以从数字与等号之间的距离看出）；第 2 行由 Console.WriteLine();语句控制输出一个空行；第 3 行由 Console.WriteLine ("i={0,-8}   j={1,-10}", i , j);语句控制输出按照左对齐的方式排列。第 1 行控制输出语句的第 1 对花括号中的 0 代表要输出第一个变量 i 的值，8 代表输出变量 i 所占的字符个数。

2.2.2 Console.Write()方法

Write()方法和 WriteLine()方法类似，都是将信息输出到控制台，但是 Write()方法输出到屏幕后并不会产生一个新行，即换行符不会连同输出信息一并输出到屏幕上，光标将停留在所输出信息的末尾。

Write()方法可以直接把变量的值转换成字符串输出到控制台。另外，还可以使用指定的格式输出信息，即使用 2.2.1 节介绍的格式化方法来格式化输出信息。

【例 2.2】利用 Console.WriteLine()方法输出变量值。

程序代码如下：

```csharp
using System;
using System.Collections.Generic;
using System.Linq;
using System.Text;
using System.Threading.Tasks;

namespace example2_2
{
    class Program
    {
        static void Main(string[] args)
        {
            int i=12345;
            double j=123.456;
            Console.Write("i={0,8}    j={1,10}", i , j);
            Console.Write("i={0,-8}    j={1,-10}", i, j);
        }
    }
}
```

运行结果如图 2-9 所示。

```
i=   12345 j=   123.456i=12345    j=123.456     请按任意键继续. . .
```

图 2-9　例 2.2 运行结果

本例中，因为 Write()方法不会产生一个新行，所以 Console.Write("i={0,8} j={1, 10}", i , j);语句和 Console.Write("i={0,-8}   j={1, -10}", i , j);语句的输出占据了同一行。如果希望 Console.Write()输出的内容也换行，可以给"()"中的参数加上"\n"换行符。例如，将 Console.Write("i={0,8} j={1, 10}", i , j);改成 Console.Write("i={0,8}\n j={1, 10}", i , j);。

2.2.3　Console.ReadLine()方法

ReadLine()方法用来从控制台读取一行数据，一次读取一行字符，直到用户按【Enter】键它才会返回，但它并不接收【Enter】键信息。如果 ReadLine()方法没有接收到任何输入，或者接收了无效的输入，将返回 null。

【例 2.3】编写一个与用户互动的程序，当用户输入自己的姓名后，和用户打招呼。

提示：可以使用 Console.ReadLine()方法来接收用户的输入，用 Console.WriteLine() 方法来输出。

程序代码如下：

```csharp
using System;
using System.Collections.Generic;
using System.Linq;
using System.Text;
using System.Threading.Tasks;

namespace example2_3
{
    class Program
    {
        static void Main(string[] args)
        {
            string str;     //str 是一个变量,用来接收用户输入的姓名
            Console.WriteLine("您好,请问尊姓大名?");
            str=Console.ReadLine();
            Console.WriteLine("{0},欢迎您!",str);

        }
    }
}
```

运行结果如图 2-10 所示。

图 2-10　例 2.3 运行结果

使用 ReadLine()方法时，要注意用合适的变量来接收（即存储）输入的内容。在例 2.3 中，使用了变量 str 来接收，str 是字符串类型的变量。

2.2.4　Console.Read()方法

Read()方法的作用是从输入流（控制台）读取下一个字符，一次只能读取一个字符，直到用户按【Enter】键才会返回。当该方法返回时，如果输入流中包含有效的输入，则它返回一个表示输入字符的整数，该整数为字符对应的 Unicode 编码值；如果输入流中没有数据，则返回−1。

如果用户输入了多个字符后按【Enter】键，此时输入流中将包含用户输入的字符加

上【Enter】键'\r'（13）和换行符'\n'（10），则 Read()方法只返回用户输入的第 1 个字符。但是，用户可以通过多次调用 Read()方法来获取所有输入的字符。

【例 2.4】通过 Console.Read()方法从控制台接收用户的输入，然后显示接收的内容。

程序代码如下：

```
using System;
using System.Collections.Generic;
using System.Linq;
using System.Text;
using System.Threading.Tasks;

namespace example2_4
{
    class Program
    {
        static void Main(string[] args)
        {
            Console.Write("请输入字符:");
            int a=Console.Read();
            int b=Console.Read();
            Console.WriteLine("用户输入的内容为:{0}, {1}", a, b);
        }
    }
}
```

运行结果如图 2-11 所示。

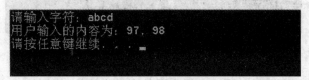

图 2-11　例 2.4 运行结果

当用户输入"abcd"并按【Enter】键之后，显示的结果是 97、98。因为 Console.Read()方法每次读取一个字符，并且返回该字符的 Unicode（字母 a 的 Unicode 编码对应的十进制值是 97，字母 b 的 Unicode 编码对应的十进制值是 98），所以输出的结果是数字，而不是字母。

习 题

1. 在注释标记"//"后写出程序的每行语句的含义。

```
using System;   //
namespace chapter1  //
{
   Class Welcome  //
   {
      Static void Main (string[] args)//
      {
         Console.WriteLine("welcome to C#");//
         Console.Write("Please type your name:");//
         string str = Console.ReadLine();//
         Console.WriteLine("{0},welcome!Enjoy your C# learning",
                     str);//
      }
   }
}
```

2. 写出创建一个C#控制台程序的操作步骤。

3. 编写一个控制台程序,按要求在控制台使用 Console 类的 WriteLine()方法依次输出下列格式的数据。

1）假定 double a=1234.78;,将变量 a 输出,数据长度为 8,左对齐。

2）假定 double b=250102.4567;,将 b 输出,数据长度为 10,右对齐。

3）使用 WriteLine()方法同时输出变量 a 和 b,格式要求同上。

4. 阅读下列程序并运行。

```
using System;
class program
{
   static void Main()
   {
      Console.WriteLine("欢迎使用C#");
   }
}
```

运行结果是_____。

5. 阅读下列程序并运行。

```csharp
using System;
class Program
{
    static void Main()
    {
        string str;
        Console.WriteLine("请输入你的姓名:");
        str=Console.ReadLine();
        Console.WriteLine("{0},欢迎你!",str);
    }
}
```

运行程序之后，输入"晓晓"，结果是_____。

6. 阅读下列程序并运行。

```csharp
using System;
class Program
{
    static void Main()
    {
        Console.Write("请输入字符:");
        int a=Console.Read();
        Console.WriteLine("用户输入的内容为:{0}",a);
    }
}
```

运行程序之后，输入"ABCD"，结果是_____，得到此结果的原因是_____。

第 3 章　C#语法基础

3.1　C#程序结构

在 2.1 节介绍第一个控制台应用程序时,分析了 C#程序的构成(包括命名空间、类、Main()方法等),这是从宏观的角度对程序代码的分解。而从微观的角度,程序由若干个语句构成,语句又由标识符、关键字和运算符按照一定的顺序组合而成。本节主要讲解标识符和关键字,运算符在 3.4 节具体介绍。

3.1.1　标识符

标识符由一串字符组成,用来声明变量、方法及其他各种用户定义的对象名。在 C#中,标识符必须遵循以下基本规则。

1)标识符必须以字母或下划线(_)开头,后面可以是一系列的字母、数字(0~9)或下划线。

2)标识符不能包括空格、标点符号和运算符等特殊符号,如?、-、+、!、#、%、^、&、*、()、[]、{}、,、:、'、"、/、\。

3)C#是一种对大小写敏感的语言,如 football 和 Football 就是两个不同的标识符。

4)标识符的长度不限,可以使用一个字符,也可以由若干个字符组成。

5)标识符不能与 C#中的关键字同名,也不能与 C#中的库函数同名。

例如,a、hello、Color、_Color、this_is_valid 等都是合法的标识符形式;1test、Color.test、this is、¥test、if 等字符串则不能用作标识符。

3.1.2　关键字

关键字(keyword)是 C#编译器预定义的保留字,在代码的上下文中有特殊的意义,如 get 和 set。这些关键字不能用作标识符,即不允许用户在程序中使用这些标识符定义各种名称。

C#语言保留了 70 多个关键字。每个关键字都有其特定的含义,表 3-1 所示为常见关键字。

表 3-1　常见关键字

abstract	enum	long	stackalloc
as	event	namespace	static
base	explicit	new	string
bool	extern	null	struct

续表

break	false	object	switch
byte	finally	operator	this
case	fixed	out	throw
catch	float	override	true
char	for	params	try
checked	foreach	private	typeof
class	goto	protected	uint
const	if	public	ulong
continue	implicit	readonly	unchecked
decimal	in	ref	unsafe
default	int	ruturn	ushort
delegate	interface	sbyte	using
do	internal	sealed	virtual
double	is	short	void
else	lock	sizeof	while

注意：直接使用关键字作为标识符是不允许的，但是，如果使用这些关键字作为标识符的一部分是允许的，可以在关键字前面加上 @ 字符作为前缀，如@is、@int。

3.2 数 据 类 型

1.2 节中介绍过，计算机用存储器（以内存为主）存储计算时所使用的数据。但是，数据包括整数、小数、字符串、字符等，它们的类型是不一样的，所以要想在计算机中使用这些类型，就必须在内存中为它们申请一块合适的空间。

那么有哪些数据类型是 C#能使用的呢？本节主要介绍两种类型：值类型和引用类型。

3.2.1 值类型

表 3-2 所示为 C#基本数据类型。

表 3-2　C#基本数据类型

数据类型	关键字	说明	范围	默认值
整数类型	sbyte	8 位有符号整数	−128～+127	0
	byte	8 位无符号整数	0～255	0
	short	16 位有符号整数	−32 768～+32 767	0
	ushort	16 位无符号整数	0～65 535	0

续表

数据类型	关键字	说明	范围	默认值
整数类型	int	32 位有符号整数	$-2\ 147\ 483\ 648 \sim +2\ 147\ 483\ 647$	0
	uint	32 位无符号整数	$0 \sim 4\ 294\ 967\ 295$	0
	long	64 位有符号整数	$-9\ 223\ 372\ 036\ 854\ 775\ 808 \sim +9\ 223\ 372\ 036\ 854\ 775\ 807$	0
	ulong	64 位无符号整数	$0 \sim 18\ 446\ 744\ 073\ 709\ 551\ 615$	0
浮点类型	float	32 位有符号浮点数,精度为 7 位数	$\pm 1.5 \times 10^{-45} \sim \pm 3.4 \times 10^{38}$	0.0f
	double	64 位有符号浮点数,精度为 15~16 位数	$\pm 5.0 \times 10^{-324} \sim \pm 1.7 \times 10^{308}$	0.0d
小数类型	decimal	128 位精确的十进制值,精度为 28~29 位数	$\pm 1.0 \times 10^{-28} \sim \pm 7.9 \times 10^{28}$	0.0m
布尔类型	bool	布尔值	表示 true 或 false	false
字符类型	char	16 位 Unicode 字符	U+0000 到 U+ffff	\0

1. 整数类型

整数类型的数据值只能是整数。数学上的整数范围为（$-\infty$，$+\infty$），但是由于计算机的存储单元有限，计算机语言所提供的数据类型都有一定的范围。C#提供了 8 种整数类型,如表 3-2 所示,数据类型占用的位数（8 位称为 1 字节）越大,表示的范围就越大。如果把一个超出表示范围的数值存放到某个数据类型中,就会发生溢出错误。

2. 浮点类型

小数在 C#中采用浮点类型的数据来表示。浮点类型的数据包含两种：单精度浮点类型（float）和双精度浮点类型（double），其区别在于取值范围和精度的不同。

3. 小数类型

小数类型具有更高的精度和更小的范围，这使它适合于财务和货币计算。要把数字指定为小数类型，可以在数字的后面加上字符 M 或 m，如 decimal d=12.30m;。

4. 布尔类型

布尔类型数据用于表示逻辑真和逻辑假。

5. 字符类型

字符类型的数据是用单引号括起来的一个字符，如'A'。如果把字符放在双引号内"A"，编译器会把它看作字符串，从而产生错误。C#提供的字符类型采用 Unicode 字符集，一个 Unicode 字符的长度为 16 位，可以用来表示大部分语言种类。

转义字符是一种特殊的字符常量，以反斜线"\"开头，后跟一个或几个字符。转义字符主要用来表示用一般字符不便于表示的控制代码。它的作用是消除紧随其后的字符的原有含义,用一些普通字符的组合来代替一些特殊字符,由于其组合改变了原字符表示的含义,因此称为"转义",如'\n'表示换行。表 3-3 所示为 C#常用的转义字符。

表 3-3 C#常用的转义字符

转义符	字符名称	转义符	字符名称
\'	单引号	\f	换页
\"	双引号	\n	换行
\\	反斜杠	\r	回车
\0	空字符(null)	\t	水平制表符
\a	警告(产生蜂鸣)	\v	垂直制表符
\b	退格	—	—

3.2.2 引用类型

引用类型不包含存储在变量中的实际数据,但它们包含对变量的引用。换言之,它们指的是一个内存位置。使用多个变量时,引用类型可以指向一个内存位置。如果内存位置的数据是由一个变量改变的,其他变量会自动反映这种值的变化。本节主要介绍 C#内置的引用类型。

1. 对象类型

对象(object)类型是 C#通用类型系统(common type system,CTS)中所有数据类型的终极基类。object 是 System.Object 类的别名。所以,对象类型可以被分配任何其他类型(值类型、引用类型、预定义类型或用户自定义类型)的值。但是,在分配值之前,需要先进行类型转换。

当一个值类型转换为对象类型时,则被称为装箱;当一个对象类型转换为值类型时,则被称为拆箱。具体参考 3.6 节。

2. 字符串类型

字符串(String)类型表示零或更多 Unicode 字符组成的序列。字符串类型是 System.String 类的别名。它是从对象类型派生的。字符串类型的值可以通过两种形式进行分配:引号和@引号。

1) 直接用一对双引号括起来的一串字符。

例如,"runoob.com"。

2) 以@开头,后跟用一对双引号括起来的一串字符。

例如,@"runoob.com"。

两者的区别:加@(称作逐字字符串)将转义字符(\)当作普通字符对待,而且@字符串中可以任意换行,换行符及缩进空格都计算在字符串长度之内。

【例 3.1】 字符串类型示例。

程序代码如下：

```csharp
using System;
using System.Collections.Generic;
using System.Linq;
using System.Text;
using System.Threading.Tasks;

namespace example3_1
{
    class Program
    {
        static void Main(string[] args)
        {
            Console.WriteLine(@"C:\Windows");
            Console.WriteLine("C:\\Windows");
            Console.WriteLine(@"<script type=""text/javascript"">
                                <!--
                                -->
                                </script>");
        }
    }
}
```

运行结果如图 3-1 所示。

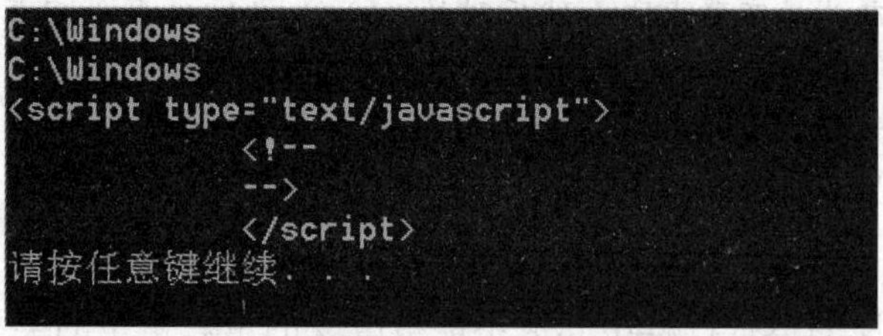

图 3-1 例 3.1 运行结果

3.3 变量与常量

在进行程序设计时，经常需要保存程序运行的数据，因此 C#中引入了"变量"的概念。而某些值又是不能被改变的，这就是"常量"。无论变量还是常量，都存在类型的问题，即需要指明数据类型。

3.3.1 变量

变量是指在程序的运行过程中其值可以被改变的量。变量的类型可以是任意的 C# 数据类型。所有值类型的变量都是实际存在于内存中的值，即当将一个值赋给变量时执行的是值复制操作。变量的定义格式如下：

  数据类型 变量名；

或

  数据类型 变量名=变量值；

其中，变量名就是标识符，按照 3.1.1 节的基本规则来命名；第一个定义只是声明了变量，并没有对变量进行赋值，此时变量使用默认值；第二个声明定义变量的同时对变量进行了初始化，变量值应该和变量数据类型一致。例如，下面的代码就是变量的使用。

```
int a=10;
double b, c;
int d=100, e=200;
double f=a+b+c+d+e;
```

说明：
第 1 行声明了一个整数类型的变量 a，并对其赋值为 10。
第 2 行定义了两个 double 类型的变量。当定义多个同类型的变量时，可以在一行中声明，各变量间使用逗号分隔。
第 3 行定义了两个整数类型的变量，并对变量进行了赋值。当定义并初始化多个同类型的变量时，也可以在一行中运行，各变量间使用逗号分隔。
第 4 行把前面定义的变量相加，然后赋给一个 double 类型的变量，在进行求和计算时，int 类型的变量会自动转换为 double 类型的变量。
注意：声明时没有初始化，不使用，编译不会报错；若使用，编译会报错。

3.3.2 常量

常量是指在程序的运行过程中其值不能被改变的量。常量的类型也可以是任意的 C#数据类型。常量的定义格式如下：

  const 数据类型 常量名=常量值；

其中，const 关键字表示声明一个常量；常量名就是标识符，用于标识该常量，常量名要有代表意义，不能过于简单或复杂；常量值的类型要和常量数据类型一致，如果定义的是字符串类型，常量值也应该是字符串类型，否则会发生错误。

例如下面程序段：

```
const double PI=3.1415926;
const string VERSION="Visual Studio 2010";
```

说明：

第 1 行定义了一个 double 类型的常量。

第 2 行定义了一个字符串类型的常量。

注意：用户一旦在代码中试图改变这两个常量的值，则会发生编译错误，并使代码无法编译通过。

3.4 运算符与表达式

表达式是由运算符和操作数组成的。运算符用于设置对操作数进行什么样的运算，如+、-、*和/；操作数包括文本、常量、变量和表达式等。

3.4.1 赋值运算符

赋值运算符为"="。由赋值运算符将变量和表达式连接起来的式子称为赋值表达式，赋值运算符把某个常量或变量或表达式的值赋给另一个变量、属性、对象等元素。它的一般格式如下：

变量(属性、对象)=表达式

例如，赋值表达式 a=15，就是把 15 这个常数赋给变量 a。在赋值表达式中，表达式又可以是赋值表达式。

例如：

y=x=8*8+3

这个赋值表达式同时把 67 赋给 x 和 y。由于赋值运算符的结合性是自右至左的，所以 y=x=8*8+3 和 y=(x=8*8+3)是等价的。

赋值符号"="并不是等于的意思，只是赋值。等于用"=="表示。

被赋值的变量称为左值，因为它们出现在赋值语句的左边；产生值的表达式称为右值，因为它们出现在赋值语句的右边。常量只能作为右值。

注意：赋值语句左边的变量在程序中必须要声明。

3.4.2 算术运算符

算术运算符用于对操作数进行算术运算。在 C#语言中有 2 个单目算术运算符和 5

个双目算术运算符。假设变量 A 的值为 7，变量 B 的值为 4，各运算符运算结果如表 3-4 所示。

表 3-4 算术运算符

符号	功能	运算对象数目	实例
+	单目正	1	+A，结果为 7
-	单目负	1	-B，结果为-4
*	乘法	2	A*B*5，结果为 140
/	除法	2	A/B，结果为 1
%	取模（求余）	2	A%B，结果为 3
+	加法	2	A+3，结果为 10
-	减法	2	B-5，结果为-1

下面是一些赋值语句的例子，赋值运算符右侧的表达式中就使用了算术运算符。

```
Area=Height*Width;
num=num1+num2/num3-num4;
```

算术运算符也有运算顺序：先乘除后加减，单目正和单目负最先运算。如果一个表达式中包含连续两个或两个以上级别相同的运算符，则要遵循自左向右的顺序进行运算。

取模运算符（%）用于计算两个整数相除所得的余数。例如：

```
a=7%4;
```

最终 a 的值是 3，因为 7%4 的余数是 3。

那么它们的商怎么算呢？

```
b=7/4;
```

最终 b 的值是 1。需要说明的是，当两个整数相除时，所得到的结果仍然是整数。要想得到小数部分，可以写成 7.0/4 或者 7/4.0，即将其中一个数变为非整数。

那么怎样由一个实数得到它的整数部分呢？这就需要使用强制类型转换了。例如：

```
a=(int)(7.0/4);
```

7.0/4 的值为 1.75，前面加上(int)表示把结果强制转换成整数类型，这就得到了 1。那么思考一下 a=(float)(7/4);，最终 a 的值是多少？更多具体内容参考 3.5 节。

单目减运算符相当于取相反值，若是正值就变为负值，若是负值就变为正值。

单目加运算符没有实际意义，只是和单目减运算符构成一对使用。

3.4.3 关系运算符

关系运算符用于对两个表达式进行比较，判断比较结果是否满足关系运算符所描述的关系，返回一个 true/false 值。用关系运算符将两个表达式连接起来的式子称为关系表达式。关系表达式的结果值是布尔类型，即真（true）或假（false）。表 3-5 所示为关系运算符。

表 3-5 关系运算符

符号	功能	运算对象数目	实例
>	大于	2	3>6，结果为 false
<	小于		7<90，结果为 true
>=	大于等于		5>=4，结果为 true
<=	小于等于		7<=4，结果为 false
==	等于		5==7，结果为 false
!=	不等于		4!=3，结果为 true

其中的主要问题就是等于==和赋值=的区别。初学 C#语言的人总是混淆使用这两个运算符，经常在一些简单问题上出错。例如下面的代码：

```
if(Amount=123)
    ...
```

有些初学者会理解为如果 Amount 的值等于 123，就……

其实这行代码的意思是先将 123 赋给 Amount，再判断这个表达式是否为真值。但是因为 C#无法将整数类型数据隐式转换为布尔类型，所以就会有错误提示：无法将 int 类型隐式转换为 bool 类型。

关系运算符的结合方向为自左向右。

例如：

```
int x=8; int y=6;
z=x>y+3;            //结果为 false
```

【例 3.2】关系运算符示例。

程序代码如下：

```
using System;
using System.Collections.Generic;
using System.Linq;
using System.Text;
using System.Threading.Tasks;
```

```
namespace example3_2
{
    class Program
    {
        static void Main(string[] args)
        {
            int a=21;
            int b=10;
            Console.WriteLine("a>b 的结果是{0}", a>b);
            Console.WriteLine("a<b 的结果是{0}", a<b);
            Console.WriteLine("a>=b 的结果是{0}", a>=b);
            Console.WriteLine("a<=b 的结果是{0}", a<=b);
            Console.WriteLine("a==b 的结果是{0}", a==b);
            Console.WriteLine("a!=b 的结果是{0}", a!=b);
        }
    }
}
```

运行结果如图 3-2 所示。

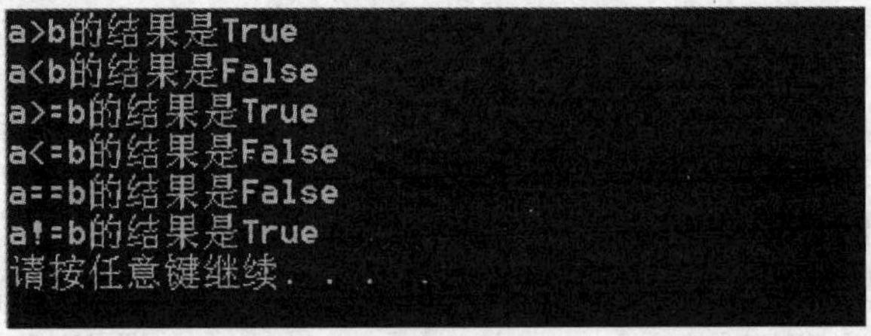

图 3-2 例 3.2 运行结果

3.4.4 逻辑运算符

用逻辑运算符将关系表达式或者逻辑值连接起来的式子称为逻辑表达式。逻辑表达式的值是布尔类型，只能取 true 或 false。假设 x=5，y=10，各逻辑运算符运算结果如表 3-6 所示。

表 3-6 逻辑运算符

符号	功能	运算对象数目	实例
&&	逻辑与	2	x > y && x > 0，结果为 false
||	逻辑或	2	x > y || x > 0，结果为 true
!	逻辑非	1	!(x > y)，结果为 true

说明:

1)当表达式进行&&运算时,只要有一个操作数为假,值就为假;只有当所有操作数都为真时,值才为真。

2)当表达式进行||运算时,只要有一个操作数为真,值就为真;只有当所有的操作数都为假时,值才为假。

3)逻辑非(!)运算是把相应的操作数转换为相反的真/假值。若原值为假,则运算后为真;若原值为真,则运算后为假。

4)3个逻辑运算符的运算顺序为!、&&、||。例如逻辑表达式:

  !(3>6)||(5<8)&&(2>=9)||(7>=1)

其结果为 true,其等价于 "!false||true&&false||true",按照逻辑运算符优先顺序进行运算,得到的最后结果为 true。

【例 3.3】逻辑运算符示例。小张想当临床医生,必须满足的条件如下:医疗专业毕业,具有临床执业医师证。

程序代码如下:

```csharp
using System;
using System.Collections.Generic;
using System.Linq;
using System.Text;
using System.Threading.Tasks;

namespace example3_3
{
    class Program
    {
        static void Main(string[] args)
        {
            bool graduate=true;                        //是否毕业
            string certificate="临床助理医师证";        //证书
            bool doctor;                               //是否成为临床医生
            doctor=certificate=="临床执业医师证" && graduate;
            Console.WriteLine(doctor);
        }
    }
}
```

运行结果:False。

3.4.5 自增自减运算符

这是一类特殊的运算符,自增运算符++和自减运算符--对变量的操作结果是增加1和减少1。例如:

```
--Counter;
Counter--;
++Amount;
Amount++;
```

当 Counter=10 时,--Counter;和 Counter--;的结果都为9。在上面例子里,运算符在前面还是在后面对操作数本身的影响是一样的,都是加1或者减1,但是当把它们作为其他表达式的一部分时,两者就有区别了。如果运算符放在变量前面,那么在运算之前,变量就先完成自增或自减运算,再参与表达式的运算;如果运算符放在变量后面,那么变量先参与表达式的运算,再进行自增自减运算。

【例3.4】自增自减运算符示例。

程序代码如下:

```csharp
using System;
using System.Collections.Generic;
using System.Linq;
using System.Text;
using System.Threading.Tasks;

namespace example3_4
{
    class Program
    {
        static void Main(string[] args)
        {
            int a, b;
            int num1=4;
            int num2=8;
            a=++num1;
            b=num2++;
            Console.WriteLine("a={0},b={1},num1={2},num2={3}", a, b,
                    num1, num2);
        }
    }
}
```

运行结果：a=5,b=8,num1=5,num2=9。

a=++num1;把++num1 的值赋给 a，因为自增运算符在变量的前面，所以 num1 先增加 1 变为 5，然后赋给 a，a 为 5。b=num2++;把 num2++的值赋给 b，因为自增运算符在变量的后面，所以先把 num2 的值赋给 b，b 应该为 8，然后 num2 自增变为 9。

编程时可能会出现下面语句的情况：

```
c=num1+++num2;
```

是 c=(num1++)+num2;还是 c=num1+(++num2);，要由编译器来决定，不同的编译器可能有不同的结果。所以在编程中，应该尽量避免出现这种复杂的情况。

3.4.6 位运算符

位运算符表示对操作数进行位运算。位运算是指依次取操作数的每一位进行二进制位的运算。假设 A=60，B=13，以二进制格式表示，则 A=0011 1100，B=0000 1101。各位运算符结果如表 3-7 所示。

表 3-7　位运算符

符号	功能	运算对象数目	实例
~	按位取反	1	~A 将得到-67，即 1100 0011，一个有符号二进制数的补码形式
&	按位与	2	A&B 将得到 12，即 0000 1100
|	按位或	2	A|B 将得到 61，即 0011 1101
<<	左移	2	A<<2 将得到 240，即 1111 0000
>>	右移	2	A>>2 将得到 15，即 0000 1111
^	按位异或	2	A^B 将得到 49，即 0011 0001

说明：

1）按位取反运算符（~）：用于对某个整数的相应位取反。当某位是 1 时，则变成 0；原来是 0，则变成 1。

2）按位与运算符（&）：用于比较两个整数的相应位。当两个整数的相应位有一个是 0 或都是 0 时，返回相应结果位是 0；当两个整数的相应位都是 1 时，则返回相应的结果位是 1。

3）按位或运算符（|）：用于比较两个整数的相应位。当两个整数的相应位有一个是 1 或都是 1 时，返回相应结果位是 1；当两个整数的相应位都是 0 时，则返回相应的结果位是 0。

4）按位异或运算符（^）：用于比较两个整数的相应位。当两个整数的相应位一个是 1 而另外一个是 0 时，返回相应的结果位是 1；当两个整数的相应位都是 1 或者都是 0 时，则返回相应的结果位是 0。

5）左移运算符（<<）：用于将二进制数向左移位。其结果是所有的位都向左移动指

定的位数，高位就会丢失，低位以 0 来填充。

6) 右移运算符（>>）：用于将二进制数向右移位。其结果是所有的位都向右移动指定的位数。

注意：如果第一个操作数是 int 或 uint（32 位数），则移位数由第二个操作数的低 5 位给出；如果第一个操作数是 long 或 ulong（64 位数），则移位数由第二个操作数的低 6 位给出。如果第一个操作数为 int 或 long，则右移位是算数移位（高位设置为符号位）；如果第一个操作数是 uint 或 ulong，则右移位是逻辑移位（高位填充 0）。

【例 3.5】 位运算符示例。

程序代码如下：

```
using System;
using System.Collections.Generic;
using System.Linq;
using System.Text;
using System.Threading.Tasks;

namespace example3_5
{
    class Program
    {
        static void Main(string[] args)
        {
            int a=60;              //60=00111100
            int b=13;              //13=00001101
            int c=0;
            c=a&b;                 //12=00001100
            Console.WriteLine("Line 1 : c 的值是 {0}", c);
            c=a|b;                 //61=00111101
            Console.WriteLine("Line 2 : c 的值是 {0}", c);
            c=a^b;                 //49=00110001
            Console.WriteLine("Line 3 : c 的值是 {0}", c);
            c=~a;                  //-61=11000011
            Console.WriteLine("Line 4 : c 的值是 {0}", c);
            c=a<<2;                //240=11110000
            Console.WriteLine("Line 5 : c 的值是 {0}", c);
            c=a>>2;                //15=00001111
            Console.WriteLine("Line 6 : c 的值是 {0}", c);
        }
    }
}
```

运行结果如图 3-3 所示。

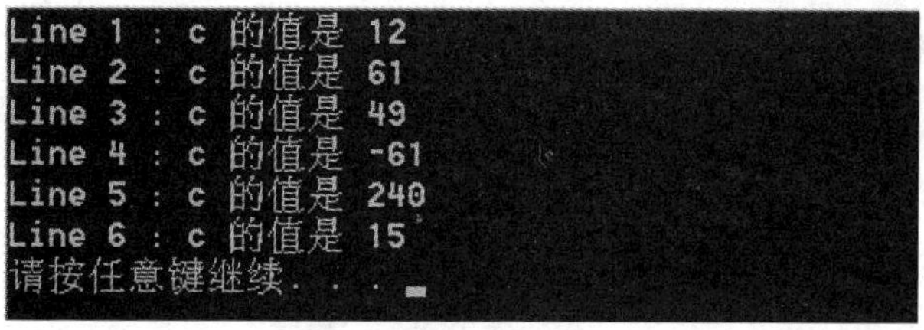

```
Line 1 : c 的值是 12
Line 2 : c 的值是 61
Line 3 : c 的值是 49
Line 4 : c 的值是 -61
Line 5 : c 的值是 240
Line 6 : c 的值是 15
请按任意键继续. . .
```

图 3-3　例 3.5 运行结果

3.4.7　复合赋值运算符

在赋值运算符中，还有一类独特的复合赋值运算符。它们实际上是一种缩写形式，使变量的改变更为简洁。例如下面的语句：

```
int Total=10;
Total=Total+3;
```

其中，"="是赋值不是等于，它的意思是先将自身的值加 3，再赋值给自身，所以 Total 的值为 13。为了简化，上面的代码也可以写成：

```
Total+=3;
```

复合赋值运算符如表 3-8 所示。

表 3-8　复合赋值运算符

符号	功能	说明
+=	加法赋值	x+=y 等价于 x=x+y
-=	减法赋值	x-=y 等价于 x=x-y
*=	乘法赋值	x*=y 等价于 x=x*y
/=	除法赋值	x/=y 等价于 x=x/y
%=	模运算赋值	x%=y 等价于 x=x%y
<<=	左移赋值	x<<=y 等价于 x=x<<y
>>=	右移赋值	x>>=y 等价于 x=x>>y
&=	位逻辑与赋值	x&=y 等价于 x=x&y
|=	位逻辑或赋值	x|=y 等价于 x=x|y
^=	位逻辑异或赋值	x^=y 等价于 x=x^y

那么，Total=Total+3;与 Total+=3;有区别吗？答案是肯定的，对于 A=A+1，表达式 A 被计算了两次，对于复合运算符 A+=1，表达式 A 仅计算了一次。

【例 3.6】复合赋值运算符示例。

程序代码如下：

```csharp
using System;
using System.Collections.Generic;
using System.Linq;
using System.Text;
using System.Threading.Tasks;

namespace example3_6
{
    class Program
    {
        static void Main(string[] args)
        {
            int a=21;
            int c=10;
            c+=a;
            Console.WriteLine("c+=a 的值为{0}", c);
            c-=a;
            Console.WriteLine("c-=a 的值为{0}", c);
            c*=a;
            Console.WriteLine("c*=a 的值为{0}", c);
            c/=a;
            Console.WriteLine("c/=a 的值为{0}", c);
            c%=a;
            Console.WriteLine("c%=a 的值为{0}", c);
            c<<=2;
            Console.WriteLine("c<<=a 的值为{0}", c);
            c>>=2;
            Console.WriteLine("c>>=a 的值为{0}", c);
            c&=2;
            Console.WriteLine("c&=a 的值为{0}", c);
            c^=2;
            Console.WriteLine("c^=a 的值为{0}", c);
            c|=2;
            Console.WriteLine("c|=a 的值为{0}", c);
        }
    }
}
```

运行结果如图 3-4 所示。

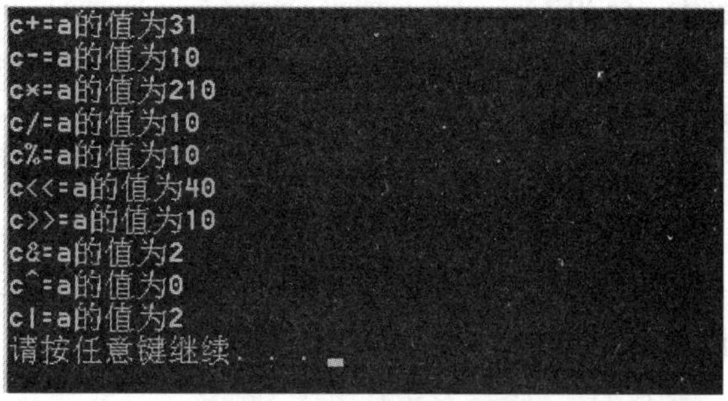

```
c+=a的值为31
c-=a的值为10
c*=a的值为210
c/=a的值为10
c%=a的值为10
c<<=a的值为40
c>>=a的值为10
c&=a的值为2
c^=a的值为0
c|=a的值为2
请按任意键继续. . .
```

图 3-4　例 3.6 运行结果

3.4.8　条件运算符

条件运算符（?:）是 C#语言中唯一的三目运算符。它的一般格式如下：

表达式 1?表达式 2:表达式 3

在运算中，对第一个表达式进行判断，如果为真，则返回表达式 2 的值；如果为假，则返回表达式 3 的值。

【例 3.7】条件运算符示例。

程序代码如下：

```
using System;
using System.Collections.Generic;
using System.Linq;
using System.Text;
using System.Threading.Tasks;

namespace example3_7
{
    class Program
    {
        static void Main(string[] args)
        {
            int a, b;
            b=int.Parse(Console.ReadLine());
            a=(b>0)?b:-b;
            Console.WriteLine("a={0}", a);
        }
    }
}
```

输入-20，运行结果：a=20。

a=(b>0)?b:-b 就是条件表达式。当 b>0 时，a=b；当 b<=0 时，a=-b。例 3.7 的功能就是把 b 的绝对值赋给 a。

3.4.9 其他运算符

除了上述运算符，C#还包括一些其他的运算符。这些运算符在 C#中作用大，应用多，但是比较零散，因此这里归纳到表 3-9 中进行简单说明。

表 3-9 其他运算符

运算符	描述	实例
+	字符串连接符，将两个字符串连接在一起，形成新的字符串	"abc"+"efg"，结果是"abcefg"
sizeof	返回数据类型的大小	sizeof(int)，结果是 4
typeof	返回类的类型	typeof(StreamReader)
new	创建对象和调用对象的构造函数	Doctor a = new Doctor();（详细内容参见第 6 章）
is	判断对象是否为某一类型	if(Ford is Car)，检查 Ford 是否为 Car 类的一个对象
as	强制转换，即使转换失败也不会抛出异常	Object obj = new StringReader("Hello"); StringReader r = obj as StringReader;

【例 3.8】字符串连接运算符、sizeof 运算符示例。

程序代码如下：

```
using System;
using System.Collections.Generic;
using System.Linq;
using System.Text;
using System.Threading.Tasks;

namespace example3_8
{
    class Program
    {
        static void Main(string[] args)
        {
            // + 运算符的实例
            string a, b;
            Console.WriteLine("请问尊姓大名?");
            a=Console.ReadLine();
            b=", 你好吗?";
            Console.WriteLine(a + b);
```

```
            Console.WriteLine();
            //sizeof 运算符的实例
            Console.WriteLine("int 的大小是{0}", sizeof(int));
            Console.WriteLine("short 的大小是{0}", sizeof(short));
            Console.WriteLine("double 的大小是{0}", sizeof(double));
        }
    }
}
```

运行结果如图 3-5 所示。

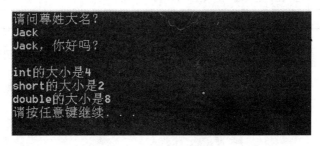

图 3-5　例 3.8 运行结果

3.4.10 优先级和结合性

优先级和结合性是运算符两个重要的特性，结合性又称为计算顺序。它们决定组成表达式的各个部分是否参与计算及其计算顺序。某些运算符有更高的优先级。例如，x=7+3*2，x 被赋值为 13，而不是 20，因为运算符"*"具有比"+"更高的优先级，所以首先计算 3*2，然后加上 7。

表 3-10 将运算符按优先级从高到低列出，具有较高优先级的运算符出现在表格的上方，具有较低优先级的运算符出现在表格的下方。

表 3-10　优先级和结合性

类别	运算符	结合性
后缀	()、[]、->、.、++、--、new	从左到右
单目	+、-、!、~、++、--、typeof、sizeof	从右到左
乘、除、求余	*、/、%	从左到右
加、减	+、-	从左到右
移位	<<、>>	从左到右
关系	<、<=、>、>=	从左到右

续表

类别	运算符	结合性
相等	==、!=	从左到右
位与 AND	&	从左到右
位异或 XOR	^	从左到右
位或 OR	|	从左到右
逻辑与 AND	&&	从左到右
逻辑或 OR	||	从左到右
条件	?:	从右到左
赋值	=、+=、-=、*=、/=、%=、>>=、<<=、&=、^=、|=	从右到左
逗号	,	从左到右

表 3-10 中有一些运算符没有介绍，如数组运算符[]等，这些将在后面的章节中会陆续说明。

3.5 类型转换

由于 C#是在编译时静态类型化的，变量在声明后就无法再次声明，或者无法用于存储其他类型的值，除非该值可以转换为变量的类型。例如，不存在从任意字符串到整数的转换。因此，在将 i 声明为整数类型变量后，无法将字符串"Hello"赋予它，例如：

```
int i;
i="Hello";    // 错误:无法将类型"string"隐式转换为"int"
```

有时可能需要将值复制到其他类型的变量或方法参数中。例如，可能需要将一个整数变量传递给参数类型为 double 的方法，或者可能需要将类变量分配给接口类型的变量。这些类型的操作称为类型转换。在 C#中，可以执行以下几种类型的转换。

3.5.1 隐式转换

隐式转换是一种类型安全的转换，不会导致数据丢失，因此不需要任何特殊的语法。它包括从较小整数类型到较大整数类型的转换及从派生类到基类的转换。

对于内置数值类型，如果存储的值无须截断或四舍五入即可适应变量，则可以进行隐式转换。例如，long 类型的变量（8 字节整数）能够存储 int 类型（在 32 位计算机上为 4 字节）可存储的任何值。在下面的示例中，编译器先将右侧的值隐式转换为 long 类型，再将它赋给 bigNum。

```
int num=214748;
long bigNum=num;
```

表 3-11 所示为预定义的隐式数值转换。隐式转换可能在多种情形下发生，包括调

用方法时和在赋值语句中。

表 3-11 隐式转换

从	到
sbyte	short、int、long、float、double、decimal
byte	short、ushort、int、uint、long、ulong、float、double、decimal
short	int、long、float、double、decimal
ushort	int、uint、long、ulong、float、double、decimal
int	long、float、double、decimal
uint	long、ulong、float、double、decimal
long	float、double、decimal
char	ushort、int、uint、long、ulong、float、double、decimal
float	double
ulong	float、double、decimal

说明：

1）从 int、uint 或 long 到 float 的转换及从 long 到 double 的转换，数值的精度可能会降低，但数值大小不受影响。

2）不存在到 char 类型的隐式转换。

3）不存在浮点型与 decimal 类型之间的隐式转换。

4）int 类型的常数表达式可转换为 sbyte、byte、short、ushort、uint 或 ulong，前提是常数表达式的值处于目标类型的范围之内。

5）对于引用类型，隐式转换始终存在于从一个类转换为该类的任何一个直接或间接的基类或接口的情况。由于派生类始终包含基类的所有成员，因此不必使用任何特殊语法。

```
Derived d=new Derived();
Base b=d;
```

3.5.2 显式转换

强制转换是显式告知编译器进行转换但可能会发生数据丢失的一种方式。显式转换需要强制转换运算符。当转换中可能丢失信息时或在出于其他原因转换可能不成功时，必须进行强制转换。典型的示例包括将数值向精度较低或范围较小的类型转换和从基类实例向派生类转换。若要执行强制转换，应在要转换的值或变量前面的括号中指定要强制转换到的类型。

下面的程序将 double 强制转换为 int。如不强制转换，则该程序不会进行编译。

```
class Test
{
```

```
static void Main()
{
    double x=1234.7;
    int a;
    //将 double 强制转换为 int
    a=(int)x;
    System.Console.WriteLine(a);
}
```

支持的显式数值转换如表 3-12 所示。

表 3-12 显式转换

从	到
sbyte	byte、ushort、uint、ulong 或 char
byte	Sbyte 或者 char
short	sbyte、byte、ushort、uint、ulong 或 char
ushort	sbyte、byte、short 或 char
int	sbyte、byte、short、ushort、uint、ulong 或 char
uint	sbyte、byte、short、ushort、int 或 char
long	sbyte、byte、short、ushort、int、uint、ulong 或 char
ulong	sbyte、byte、short、ushort、int、uint、long 或 char
char	sbyte、byte 或 short
float	sbyte、byte、short、ushort int、uint、long、ulong、char 或 decimal
double	sbyte、byte、short、ushort、int、uint、long、ulong、char、float 或 decimal
decimal	sbyte、byte、short、ushort、int、uint、long、ulong、char、float 或 double

说明：

1）显式数值转换可能导致精度损失或引发异常。

2）将 decimal 值转换为整数类型时，该值将舍入为与零最接近的整数值。如果结果整数值超出目标类型的范围，则会溢出，引发 OverflowException。

3）将 double 或 float 值转换为整数类型时，值会被截断。如果该结果整数值超出了目标值的范围，其结果将取决于溢出检查上下文。在 checked 上下文中，将引发 Overflow Exception；而在 unchecked 上下文中，结果将是一个未指定的目标类型的值。

4）将 double 转换为 float 时，double 值将舍入为最接近的 float 值。如果 double 值因过小或过大而使目标类型无法容纳它，则结果将为零或无穷大。

5）将 float 或 double 转换为 decimal 时，源值将转换为 decimal 表示形式，并舍入为第 28 位小数之后最接近的数（如果需要）。根据源值的不同，可能产生以下结果：

① 如果源值因过小而无法表示为 decimal，那么结果将为零。

② 如果源值为 NaN（非数字值）、无穷大或因过大而无法表示为 decimal，那么会引发 OverflowException。

6）将 decimal 转换为 float 或 double 时，decimal 值将舍入为最接近的 double 或 float 值。

7）对于引用类型，如果需要从基类型转换为派生类型，则必须进行显式强制转换。

注意：引用类型之间的强制转换操作不会更改基础对象运行时的值的类型；它只更改用作对该对象引用的值的类型。例如：

```
Giraffe g=new Giraffe();
Animal a=g;
Giraffe g2=(Giraffe)a;
```

3.5.3 其他类型转换方法

1. 使用 System.Convert 类

System.Convert 类用于将一个基本数据类型转换为另一个基本数据类型。表 3-13 所示为 System.Convert 类中的类型转换方法。

表 3-13 System.Convert 类中的类型转换方法

序号	方法	描述
1	ToBoolean()	如果可能，把类型转换为布尔类型
2	ToByte()	把类型转换为字节类型
3	ToChar()	如果可能，把类型转换为单个 Unicode 字符类型
4	ToDateTime()	把类型（整数或字符串类型）转换为"日期-时间"结构
5	ToDecimal()	把浮点型或整数类型转换为十进制类型
6	ToDouble()	把类型转换为双精度浮点类型
7	ToInt16()	把类型转换为 16 位整数类型
8	ToInt32()	把类型转换为 32 位整数类型
9	ToInt64()	把类型转换为 64 位整数类型
10	ToSbyte()	把类型转换为有符号字节类型
11	ToSingle()	把类型转换为小浮点数类型
12	ToString()	把类型转换为字符串类型
13	ToType()	把类型转换为指定类型
14	ToUInt16()	把类型转换为 16 位无符号整数类型
15	ToUInt32()	把类型转换为 32 位无符号整数类型
16	ToUInt64()	把类型转换为 64 位无符号整数类型

2. 使用 Parse()方法

大多数预定义值类型拥有静态方法 Parse()，该方法用于将文本转换为相应的值类型。

【例3.9】 类型转换的示例。

程序代码如下：

```csharp
using System;
using System.Collections.Generic;
using System.Linq;
using System.Text;
using System.Threading.Tasks;

namespace example3_9
{
    class Program
    {
        static void Main(string[] args)
        {
            string str="123";
            int i=Convert.ToInt16(str);
            int j=int.Parse(str);
            Console.WriteLine(i.ToString());
            Console.WriteLine(j.ToString());
        }
    }
}
```

3.6 装箱和拆箱

装箱是将值类型转换为引用类型，拆箱是将引用类型转换为值类型。

利用装箱和拆箱功能，可通过允许值类型的任何值与对象类型值的相互转换，将值类型与引用类型连接起来。

1. 装箱

装箱是从值类型到对象类型或到此值类型所实现的任何接口类型的隐式转换。

例如：

```csharp
int i=100;
object obj=i;
Console.WriteLine("对象的值={0}", obj);
```

这是一个装箱的过程,是将值类型转换为引用类型的过程,就是将 i 装箱。

2. 拆箱

拆箱是从对象类型到值类型或从接口类型到实现该接口的值类型的显式转换。

```
int i=100;
object obj=i;
int num =(int)obj;
Console.WriteLine("num: {0}", num);
```

这是一个拆箱的过程,是先将值类型转换为引用类型,再由引用类型转换为值类型的过程,就是先将 i 装箱,再将 obj 拆箱。

注意:被装过箱的对象才能被拆箱。

习 题

1. 阅读下列程序并回答问题。

```
using System:
class ModDemo
{
    static void Main()
    {
        int iresult,irem:
        double dresult,drem:
        iresult=10/3:
        irem=10%3:
        dresult=10.0/3.0:
        drem=10.0%3.0:
        Console.WriteLine("10/3={0}\t 10%3={1}",iresult,irem):
        Console.WriteLine("10.0/3.0={0}\t10.0%3.0={1}",dresult,drem):
    }
}
```

问题:符号\t 表示什么意思?

2. 阅读下列程序并回答问题。

```
using System:
class Test
{
    static void Main()
```

```
        {
            int x=2:
            int y=x++:
            Console.WriteLine("y={0}",y):
            y=++x:
            Console.WriteLine("y={0}",y):
            int a=5:
            int b=a--:
            Console.WriteLine("b={0}",b):
            b=--a:
            Console.WriteLine("b={0}",b):
        }
    }
```

问题：变量 y 的值都是通过 x 自加运算得到，为什么第一行和第二行输出语句输出的 y 的值会不一样？

3. 阅读下列程序并运行。

```
using System:
class RelaOpr
{
    static void Main()
    {
        int a=100:
        int x=60:
        int y=70:
        int b:
        b=x+y:
        bool j:
        j=a>b:
        Console.WriteLine("a>b is {0}",j):
    }
}
```

运行结果是_____。

4. 编写代码实现如下功能：定义变量，输入三角形的三条边的值，求三角形的面积。设 $t=\dfrac{a+b+c}{2}$，则该三角形面积 $s=\sqrt{t*(t-a)*(t-b)*(t-c)}$。

提示：用 Console.ReadLine()输入，输入结果为字符串，要转换成数字。

转换方法：若 a 为双精度类型，则 a=double.Parse(Console.ReadLine())。

平方根函数 Math.Sqrt()，如 x 的平方根为 Math.Sqrt(x)。

5．设计一个程序，由用户输入一个华氏温度 F，把它转换为摄氏温度 C。转换公式为 C=5/9*(F−32)。输入华氏温度 99，输出的摄氏温度是多少？（保留 2 位小数）

第4章 结构化程序设计

4.1 结构化程序设计的概念

结构化程序设计最早是由荷兰学者迪克斯特拉于 1965 年提出的,是软件发展的一个重要里程碑。它的主要观点是采用自顶向下、逐步求精及模块化的程序设计方法,任何程序都可由顺序、选择、循环 3 种基本控制结构构造。结构化程序设计主要强调的是程序的易读性。

4.2 顺 序 结 构

顺序结构就是各语句按出现的先后次序从上到下依次执行。一般的程序包括输入、处理和输出 3 个基本步骤。顺序结构的语句主要有赋值语句、输入/输出语句等。在 C# 中也有赋值语句;而关于控制台的输入/输出语句,在 2.2 节已经介绍过,本节介绍顺序结构语句。

4.2.1 顺序结构语句

1. 赋值语句

赋值语句是程序设计中的基本语句,只需要在赋值表达式后面加上一个";",即可完成一个赋值语句。

注意:在一个赋值语句中,连续使用多个"="给多个变量赋予相同的值,称为连续赋值语句。

例如,给 x、y、z 3 个变量值赋初值 1。

```
int x=y=z=1;
```

2. 空语句

空语句是最简单的语句,它不实现任何功能,C#空语句的形式如下:

```
;
```

即只有一个分号的语句。在不需要执行任何操作但又需要一条语句时,可以采用空语句。它可以用作转向点,或是循环语句中的循环体,此时循环体是空语句。

3. 复合语句

用{}把一些语句括起来就成为复合语句，或者成为块。例如：

```
{
    int A, B, C;
    A=1;
    B=2;
    C=3;
}
```

4.2.2 顺序结构程序应用举例

【例4.1】输入一个三位整数，然后逆序输出。

分析：首先通过 Console.ReadLine()获得三位数，然后分别求出随机数的个、十、百位数字，最后组成逆序数。

程序代码如下：

```
using System;
using System.Collections.Generic;
using System.Linq;
using System.Text;
using System.Threading.Tasks;

namespace example4_1
{
    class Reverse
    {
        static void Main(string[] args)
        {
            int x, a, b, c, y;
            Console.WriteLine("请输入一个三位数:");
            x=int.Parse(Console.ReadLine());
            a=x/100;
            b=(x-a*100)/10;
            c=x%10;
            y=c*100+b*10+a;
            Console.WriteLine("{0}逆序的结果为{1}", x, y);
        }
    }
}
```

【例4.2】 输入两个整数存于变量a和b，将a和b的数值交换后再输出。

分析：如果直接利用赋值语句a=b，将b的值赋给a，则a中的原值不再保留，这样无法完成数据交换。如图4-1所示，把两数交换比喻成两杯饮料交换，假如要把A杯的红茶和B杯的绿茶交换，可以借助第3只空杯子：C杯。交换过程为A→C，B→A，C→B。类似地，本例可借助第3个变量c来完成交换，分3个步骤完成。

1）将a的值放入c中：c=a。
2）将b的值放入a中：a=b。
3）将c的值放入b中：b=c。

图4-1 两杯饮料交换

程序代码如下：

```
using System;
using System.Collections.Generic;
using System.Linq;
using System.Text;
using System.Threading.Tasks;

namespace example4_2
{
    class Exchange
    {
        static void Main(string[] args)
        {
            int a, b, c;
            Console.WriteLine("请输入两个整数:");
            a=int.Parse(Console.ReadLine());
            b=int.Parse(Console.ReadLine());
            //通过中间变量c来完成a,b的交换
            c=a;
            a=b;
            b=c;
            Console.WriteLine("a={0},b={1}", a, b);
        }
    }
}
```

运行结果如图 4-2 所示。

图 4-2　例 4.2 运行结果

另外，两数交换也可不借助 c 而采用以下方法实现：

　　a=a+b
　　b=a-b
　　a=a-b

【例 4.3】鸡兔同笼问题。小明数了数圈在一起的鸡和兔共有 s 个头、f 只脚，问鸡和兔各有多少只？用 Console.ReadLine()输入总头数和总脚数，结果输出用 Console.WriteLine()。

分析：设鸡有 x 只，兔有 y 只，则方程为

$$\begin{cases} x + y = s \\ 2x + 4y = f \end{cases}$$

解方程，求出 x 和 y：

$$\begin{cases} x = (4s - f)/2 \\ y = (f - 2s)/2 \end{cases}$$

程序代码如下：

```
using System;
using System.Collections.Generic;
using System.Linq;
using System.Text;
using System.Threading.Tasks;

namespace example4_3
{
    class Program
    {
        static void Main(string[] args)
        {
            int s, f, x, y;
            Console.WriteLine("请输入鸡和兔一共有几个头,几只脚:");
            s=int.Parse(Console.ReadLine());
```

```
            f=int.Parse(Console.ReadLine());
            x=(4*s-f)/2;
            y=(f-2*s)/2;
            Console.WriteLine("笼中有鸡{0}只,兔{1}只", x, y);
        }
    }
}
```

4.3 选择结构

用顺序结构能编写一些简单的程序，进行简单的运算。但是，人们对计算机运算的要求并不仅限于一些简单的运算，经常遇到要求计算机进行逻辑判断，然后进行不同的处理的情况，这时候就需要用到选择结构。

选择结构要求开发人员指定一个或多个要评估或测试的条件，以及条件为真时要执行的语句（必需的）和条件为假时要执行的语句（可选的）。

4.3.1 if 语句

if 语句的一般格式如下：

```
if(条件)
{
    语句块
}
```

其中，条件可以是关系表达式、逻辑表达式，甚至直接为"真""假"；语句块可以有多条语句，如果只有一条语句，{}可以省略。

功能：如果条件为"真"，则执行{}内的语句或语句块，否则直接执行{}后面的语句。其流程如图 4-3 所示。

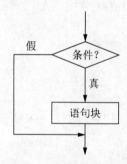

图 4-3 if 语句流程图

例如,已知两个数 x 和 y,比较它们的大小,使 x 大于 y。

```
if(x<y)
{
    t=x;
    x=y;
    y=t;
}
```

4.3.2 if…else 语句

if…else 语句的一般格式如下:

```
if(条件)
{
    语句块 1
}
else
{
    语句块 2
}
```

功能:当条件的值为"真"时,执行语句块 1,否则执行语句块 2。其流程如图 4-4 所示。与 if 语句相比,if…else 语句多了条件为"假"要执行的部分。其余与 if 语句相同,可参考 if 语句的说明。

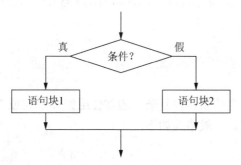

图 4-4　if…else 语句流程图

【例 4.4】输入一个三位整数,按【Enter】键后判断是否为水仙花数。所谓水仙花数,是指各位数字的立方和等于该数本身的三位数,如 153。可以参考例 4.1 将三位数拆分为百位、十位、个位,再求立方和。

程序代码如下:

```
using System;
```

```
using System.Collections.Generic;
using System.Linq;
using System.Text;
using System.Threading.Tasks;

namespace example4_4
{
    class Program
    {
        static void Main(string[] args)
        {
            int x, a, b, c;
            Console.WriteLine("请输入一个三位数:");
            x=int.Parse(Console.ReadLine());
            a=x/100;
            b=(x-a*100)/10;
            c=x%10;
            if(x==a*a*a+b*b*b+c*c*c)     //判断相等用"=="
            {
                Console.WriteLine("{0}是水仙花数。", x);
            }
            else
            {
                Console.WriteLine("{0}不是水仙花数。", x);
            }
        }
    }
}
```

如果程序的逻辑判定关系比较复杂，通常会用到 if 语句或者 if…else 语句的嵌套，即在判定之中又有判定。一般格式如下：

```
1    if(条件 1)
2    {
3        语句块 1
4    }
5    else
6    {
7        if(条件 2)
8        {
9            语句块 2
```

```
10        }
11        else
12        {
13            语句块 3
14        }
15    }
```

如果条件 1 为"真",执行语句块 1;否则判断条件 2,如果条件 2 为"真",执行语句块 2;否则执行语句块 3。有需要时,可以继续添加更多的分支。

在上面的格式中可以看到,第 7~14 行其实是一个 if…else 语句。所以,在使用 if 语句的嵌套时,需要把完整的 if 语句放入{}中。

注意:在应用 if 语句或 if…else 语句嵌套时,即使控制语句只有一条,也建议加上{}。

【例 4.5】 输入一个学生成绩,评定其等级。评定标准是 90~100 分为"优秀",80~89 分为"良好",70~79 分为"中等",60~69 分为"及格",60 分以下为"不合格"。

使用 if 语句实现的程序代码如下:

```
using System;
using System.Collections.Generic;
using System.Linq;
using System.Text;
using System.Threading.Tasks;

namespace example4_5
{
    class Grade
    {
        static void Main(string[] args)
        {
            int s;
            string str;
            Console.WriteLine("请输入一个分数:");
            s=int.Parse(Console.ReadLine());
            if(s<0||s>100)
            {
                str="你输入的分数不符合要求。";
            }
            else
            {
                if(s>=90)
                {
```

```
                str="优秀";
            }
            else
            {
                if(s>=80)
                {
                    str="良好";
                }
                else
                {
                    if(s>=70)
                    {
                        str="中等";
                    }
                    else
                    {
                        if(s>=60)
                        {
                            str="及格";
                        }
                        else
                        {
                            str="不及格";
                        }
                    }
                }
            }
        }
        Console.WriteLine(str);
    }
}
```

4.3.3　else if 语句

else if 语句是 if 语句和 if…else 语句的组合。其一般形式如下：

```
if(条件1)
{
    语句块1
}
```

```
else if(条件 2)
{
    语句块 2
}
…
else if(条件 n-1)
{
    语句块 n-1
}
else
{
    语句块 n
}
```

功能：当条件 1 的值为"真"时，执行语句块 1，然后跳过整个结构执行之后的语句；当条件 1 的值为"假"时，将跳到条件 2 处进行判断；当条件 2 的值为"真"时，执行语句块 2，然后跳过整个结构执行之后的语句；否则进行条件 3 的判断，以此类推，如果所有的条件都为 false，则执行语句块 n。其流程如图 4-5 所示。

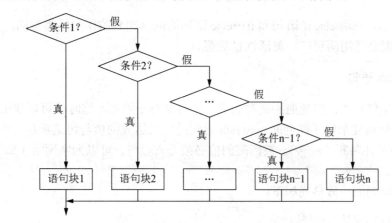

图 4-5　else if 语句流程图

【例 4.6】用 else if 语句实现例 4.5。
部分代码如下：

```
if(s<0||s>100)
{
    str="你输入的分数不符合要求。";
}
else if(s>=90)
{
```

```
            str="优秀";
    }
    else if(s>=80)
    {
            str="良好";
    }
    else if(s>=70)
    {
            str="中等";
    }
    else if(s>=60)
    {
            str="及格";
    }
    else
    {
            str="不及格";
    }
```

可以看到，使用 else if 语句和 if…else 语句的嵌套起到的作用是类似的。当然，if…else 语句的嵌套适用面更广，灵活性也更强。

4.3.4　switch 语句

if 语句虽然常用，但是遇到离散的值，就会显得很困难，这时就可以使用 switch 分支语句，以处理复杂的条件判断。switch 语句是将表达式的值与可选项进行匹配，而不是类似 if 的条件判断（>、<）。被匹配的值必须是常数值，可以为字面值（如 1、2、3），或者是常量。

switch 语句的一般格式如下：

```
switch(变量或表达式)
{
    case 常量表达式1:
        语句块1
        break;
    case 常量表达式2:
        语句块2
        break;
    ...
    [default:
        语句块n+1
```

```
    break;]
}
```

switch 语句的执行过程：首先计算变量或表达式的值，然后按顺序与每个 case 后的值进行比较，如果有相等的，则执行这个 case 下面的语句块，直到 break 语句；执行完后退出整个 switch 结构。如果没有找到任何一个 case 后的值与其相等，则执行 default 下面的语句块；如果没有 default，则直接退出整个 switch 结构。其流程如图 4-6 所示。

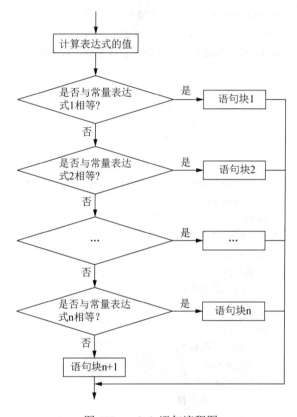

图 4-6 switch 语句流程图

【例 4.7】用 switch 语句实现例 4.5。

程序代码如下：

```
using System;
using System.Collections.Generic;
using System.Linq;
using System.Text;
using System.Threading.Tasks;

namespace example4_7
```

```
    {
        class Program
        {
            static void Main(string[] args)
            {
                int s;
                string str;
                Console.WriteLine("请输入一个分数：");
                s=int.Parse(Console.ReadLine());
                //s/10的作用是把分数s的个位数去掉，转换成0~10的值
                switch(s/10)
                {
                    case 10:
                        str="优秀";
                        break;
                    case 9:
                        str="优秀";
                        break;
                    case 8:
                        str="良好";
                        break;
                    case 7:
                        str="中等";
                        break;
                    case 6:
                        str="及格";
                        break;
                    default:
                        str="不及格";
                        break;
                }
                Console.WriteLine(str);
            }
        }
    }
```

说明：

1）常量表达式列表必须与变量或表达式的类型相同。

2）switch 语句可以包含任意数目的 case 块，但是任何两个 case 语句都不能具有相同的值。

3）每个 case 执行后的语句，都需要放置一个 break 语句，包括 default 也需要。

4）多个 case 语句可以共用一组执行语句。例如，例 4.7 的程序代码可以如下所示。

```
switch(s/10)
{
    case 10:
    case 9:
        str="优秀";
        break;
    case 8:
        str="良好";
        break;
    case 7:
        str="中等";
        break;
    case 6:
        str="及格";
        break;
    default:
        str="不及格";
        break;
}
```

从例 4.7 可以看出，对于多分支结构，用 switch 语句比多分支 else if 语句简单、清晰、整齐。但不是所有的 if 多分支结构都可以用 switch 语句代替。switch 后不能出现多个变量，当遇到对多个变量进行条件判断时，只能用 else if 语句。

另外，case 也可以多个堆叠，只要其中一个满足条件，就会执行后面的语句。而在 case 后，也可以使用{}把语句块包围起来，执行多条语句。

4.3.5 选择结构程序应用举例

【例 4.8】输入两个数，判断这两个数的大小。

分析：两个数的大小关系有 3 种：大于、等于或者小于。一般当题目需要进行判断时，就要考虑判断的结果有几种情况。如果只有一种情况，使用 if 语句；如果有两种情况，使用 if…else 语句；如果有 3 种或以上的情况，就要考虑使用 else if 语句还是 switch 语句了。本题的大小关系有 3 种，因此可以使用 else if 语句来实现。

程序代码如下：

```
using System;
using System.Collections.Generic;
using System.Linq;
```

```csharp
using System.Text;
using System.Threading.Tasks;

namespace example4_8
{
    class Program
    {
        static void Main(string[] args)
        {
            double a, b;
            string str;
            Console.WriteLine("请输入两个数:");
            a=double.Parse(Console.ReadLine());
            b=double.Parse(Console.ReadLine());
            if(a>b)
            {
                str="大于";
            }
            else if(a==b)
            {
                str="等于";
            }
            else
            {
                str="小于";
            }
            Console.WriteLine(a.ToString()+str+b.ToString());
        }
    }
}
```

【例4.9】输入一个年份，判断这个年份是否为闰年。

分析：闰年是指能被4整除但不能被100整除的年份或者能被400整除的年份。一个年份，要么是闰年，要么不是闰年，只有两种情况，可以使用 if…else 语句。本题的难点在于 if…else 语句中条件的描述，要注意各条件之间的关系。

程序代码如下：

```csharp
using System;
using System.Collections.Generic;
using System.Linq;
```

```
using System.Text;
using System.Threading.Tasks;

namespace example4_9
{
    class Program
    {
        static void Main(string[] args)
        {
            if(y%4==0&&y%100!=0||y%400==0)
            {
                Console.WriteLine("{0}是闰年", y);
            }
            else
            {
                Console.WriteLine("{0}不是闰年", y);
            }
        }
    }
}
```

【例 4.10】输出一个字母,判断其为元音字母还是辅音字母。

分析:元音字母是指 a、e、i、o、u。一个字母要么是元音字母,要么是辅音字母,所以可以选择使用 if…else 语句。但是这里应考虑到条件的描述需要和 5 个元音比较,从代码的可读性来讲,用 switch 语句更合适。

程序代码如下:

```
using System;
using System.Collections.Generic;
using System.Linq;
using System.Text;
using System.Threading.Tasks;

namespace example4_10
{
    class Program
    {
        static void Main(string[] args)
        {
            char c;
```

```
        string str;
        Console.WriteLine("请输入一个字母:");
        c=(char)Console.Read();
        switch (c)
        {
            case 'a':
            case 'e':
            case 'i':
            case 'o':
            case 'u':
                str="元音";
                break;
            default:
                str="辅音";
                break;
        }
        Console.WriteLine(c+"是"+str+"字母");
    }
}
```

4.4 循环结构

循环就是重复执行一些语句来达到一定的目的,这个结构用起来很方便,只要设置好参数,同样的代码可以执行成千上万次。在程序中,凡是需要重复相同或相似的操作步骤时,都可以使用循环结构来实现。循环结构由两部分组成:循环体,即要重复执行的语句序列;循环控制部分,即用于规定循环的重复条件或重复次数,同时确定循环范围的语句。

C#中的循环方法有 for、while、do…while 和 foreach。本节依次介绍这些循环语句。

4.4.1 for 语句

for 语句一般用于循环次数固定的情况。
其一般格式如下:

```
for(初始化语句;循环条件;状态改变)
{
    循环体
```

[break跳出循环体]
　}

说明：首先执行初始语句（只执行一次），然后判断是否满足循环条件。如果不满足条件，则跳出for语句；如果满足，则执行循环体。for语句内的循环体执行完毕后，将按照状态改变表达式改变变量的值，再次判断是否符合循环条件，符合则继续执行for语句内的代码，直到变量不符合循环条件则终止循环；或者遇到break语句，直接跳出当前的for循环。

其流程如图4-7所示。

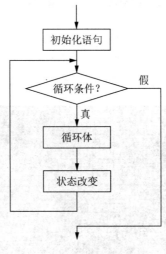

图4-7　for语句流程图

【例4.11】求1+2+3+…+10的值，用for语句实现，并把执行过程输出到控制台。
程序代码如下：

```
using System;
using System.Collections.Generic;
using System.Linq;
using System.Text;
using System.Threading.Tasks;

namespace example4_11
{
    class Program
    {
        static void Main(string[] args)
        {
            int sum=0;
```

```
            /* 下面的代码是 for 循环的核心。其中 i 是控制变量
            int i=1;给控制变量 i 赋初值
            i<=10;是循环控制条件;当 i<10 时,就执行花括号内的语句
            i++是控制变量增量。每次加 1*/
            for(int i=1; i<=10; i++)
            {
                sum +=i;              //做 1~10 的累加,就是在计算 1+2+3+4+…+10
                Console.WriteLine("现在执行了第{0}次,sum={1}", i, sum);
            }
            Console.WriteLine("循环结束!");
        }
    }
}
```

运行结果如图 4-8 所示。

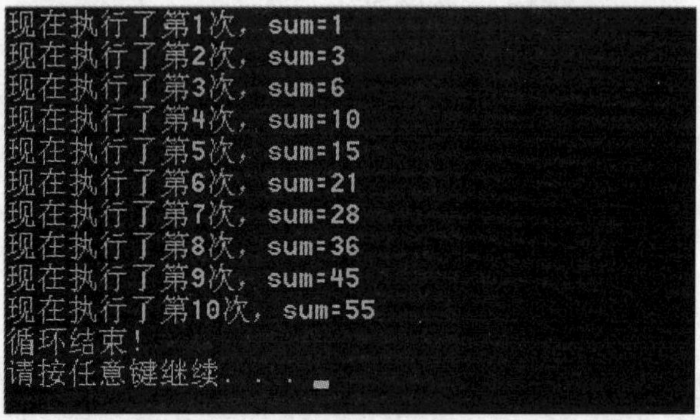

```
现在执行了第1次, sum=1
现在执行了第2次, sum=3
现在执行了第3次, sum=6
现在执行了第4次, sum=10
现在执行了第5次, sum=15
现在执行了第6次, sum=21
现在执行了第7次, sum=28
现在执行了第8次, sum=36
现在执行了第9次, sum=45
现在执行了第10次, sum=55
循环结束!
请按任意键继续. . .
```

图 4-8 例 4.11 运行结果

说明:

1) 如果在 for 语句前已对循环变量赋初值, 则在 for 语句中可省略初始化语句, 但是 ";" 要保留。

2) 如果循环条件省略不写, 即不判断条件是否成立, 则循环将变成无限循环, 但是 ";" 要保留。当然, 可以在循环体中添加 break;语句来跳出循环。

3) 状态改变也可以省略。但需要注意的是, 如果不在循环体中添加语句来改变循环变量, 循环会变成无限循环。

4.4.2 while 语句与 do…while 语句

while 语句和 do…while 语句用于循环次数不固定的情况。

1. while 语句

while 语句的一般格式如下：

 while(条件)
 {
  循环体
 }

说明：

1）判断 while 的测试条件，如果为"真"，就执行{}内的循环体。条件一般是关系或逻辑表达式。

2）执行完{}内的语句块，判断 while 的测试条件。如果仍为"真"，继续执行{}内的循环体；如果为"假"，结束 while 循环，执行{}后面的语句。

3）循环体可以是一条或若干条语句。

while 语句的流程图如图 4-9 所示。

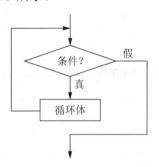

图 4-9 while 语句流程图

【例 4.12】用 while 语句实现例 4.11。

程序代码如下：

```
using System;
using System.Collections.Generic;
using System.Linq;
using System.Text;
using System.Threading.Tasks;

namespace example4_12
{
    class Program
    {
        static void Main(string[] args)
```

```
        {
            int sum=0;
            int i=1;
            while(i<=10)
            {
                sum +=i;
                Console.WriteLine("现在执行了第{0}次,sum={1}", i, sum);
                i++;
            }
            Console.WriteLine("循环结束!");
        }
    }
}
```

与 for 语句相比，int i=1;移到了 while 语句的前面，i++放在 while 语句的循环体中。

for 语句：

```
for(int i=1; i<=10; i++)
{
    sum +=i;
    Console.WriteLine("现在执行了第{0}次,sum={1}", i, sum);
}
```

while 语句：

```
int i=1;
while(i<=10)
{
    sum +=i;
    Console.WriteLine("现在执行了第{0}次,sum={1}", i, sum);
    i++;
}
```

2. do…while 语句

do…while 语句与 while 语句功能相似，不同的是，do…while 语句的判定条件在后面，也就是 do…while 语句先执行循环体，再判断是否再次执行循环体。所以，do…while 语句不论条件的值是什么，循环体至少执行一次。do…while 语句的一般格式如下：

```
do
{
    循环体
```

}
while(条件);
```

说明：
1）先执行 do 后面{}中的循环体，再判断 while 的测试条件。
2）如果条件的值为"真"，就转向 do 后面的{}再次执行循环体。
3）如果条件的值为"假"，则退出循环，执行 while 后面的语句。
do…while 语句的流程图如图 4-10 所示。

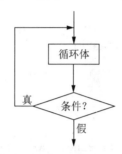

图 4-10 do…while 语句流程图

可以用 do…while 语句来实现例 4.12，执行结果是一样的。

```
do
{
    sum +=i;
    Console.WriteLine("现在执行了第{0}次,sum={1}", i, sum);
    i++;
}
while(i<=10);
```

注意：while 后面的";"不能省略。

4.4.3 循环控制语句

在 C#的循环语句中，有时希望跳过其中某个循环，或者当某个条件满足时，直接终止整个循环。C#为此提供了 continue 语句和 break 语句。

continue 和 break 的一般格式如下：

```
continue;
break;
```

这两个语句在 while 循环和 for 循环中都能使用。

当在循环中遇到 continue;语句时，本轮循环中后面的语句就不再执行了，开始执行下一次循环。
```

当在循环中遇到 break;语句时,直接终止整个循环,即不仅本轮循环不再执行,后面的所有循环也不再执行了。

通常 continue 语句和 break 语句会结合 if 语句来使用。

【例 4.13】创建一个项目,在 for 语句中使用 continue 语句和 break 语句。

程序代码如下:

```
using System;
using System.Collections.Generic;
using System.Linq;
using System.Text;
using System.Threading.Tasks;
namespace example4_13
{
    class Program
    {
        static void Main(string[] args)
        {
            for(int i=1; i<=10; i++)
            {
                Console.WriteLine("开始第{0}次循环。", i);
                if(i==3)
                    continue;
                if(i==7)
                    break;
                Console.WriteLine("结束第{0}次循环。", i);
            }
        }
    }
}
```

运行结果如图 4-11 所示。

图 4-11　例 4.13 运行结果

说明：

1）当没有 break 语句和 continue 语句时，for 循环内的输出语句均执行 10 次。

2）当 i==3 的时候，if 条件为 true，continue 语句执行。continue 后面的语句不再执行，重新开始新的一轮循环。continue 之前的语句是全部执行了的。

3）当 i==7 的时候，if 条件为 true，break 语句执行。break 后面的语句不再执行，整个循环语句终止。

4.4.4 循环的嵌套

循环语句可以嵌套。在 C#语言中，一个循环体内包含一个或多个完整的循环结构，称为循环的嵌套。常用的循环嵌套是二重循环，外层循环称为外循环，内层循环称为内循环。

说明：

1）在循环的嵌套中，内循环和外循环应该使用不同的循环控制变量。

2）几种循环控制结构可以相互嵌套，下面是几种常见的二重嵌套形式。

```
① for(int i=…)              ② for(int i=…)
  {                             {
     …                             …
     for(int j=…)                  while(…)
     {                             {
        …                             …
     }                             }
     …                             …
  }                             }

③ while(…)                  ④ do
  {                             {
     …                             …
     for(int j=…)                  do
     {                             {
        …                             …
     }                             }while(…);
     …                             …
  }                             }while(…);
```

下面以 for 语句的嵌套来具体说明。

```
1  for (初始化语句1;循环条件1;状态改变1)
2  {
3       循环体1;
```

```
    4     for(初始化语句 2;循环条件 2;状态改变 2)
    5     {
    6         循环体 2;
    7     }
    8  }
```

注意：第 4~7 行也是属于循环体 1 的一部分，其中的 for 语句是重复执行多次的。因此循环体 2 执行的次数为外循环的次数×内循环的次数。

例如下面的例子。

```
for(int i=1; i<=4; i++)
{
    Console.Write("第{0}行:", i);
    for(int j=1; j<=5; j++)
    {
        Console.Write(j);            //该语句执行了 4*5=20 次
    }
    Console.WriteLine();             //换行
}
```

运行结果如图 4-12 所示。

```
第1行: 12345
第2行: 12345
第3行: 12345
第4行: 12345
请按任意键继续. . .
```

图 4-12 双重循环的运行结果

【**例 4.14**】求 1!+2!+3!+…+10!的值，用 for 语句实现，并把执行结果输出到控制台。

分析：当计算阶乘时，需要注意选择合适类型的变量。因为阶乘的结果值很大，这意味着如果继续使用 int 类型的变量来存放结果，很可能会发生溢出错误（即数值超出了变量可以存放的最大范围）。

在例 4.11 中，求的是 1+2+…+10 的累加和，使用一重循环就可以实现。而本例中每一个具体的数字变成了阶乘，就意味着要先求出阶乘的结果，再进行累加。求阶乘就可以用内层循环来实现，外层循环则用于实现累加。

程序代码如下：

```
using System;
using System.Collections.Generic;
using System.Linq;
using System.Text;
```

```
using System.Threading.Tasks;

namespace example4_14
{
    class Program
    {
        static void Main(string[] args)
        {
            long fac, sum = 0;
            for(int i=1; i<=10; i++)
            {
                //求 i 的阶乘
                fac=1;
                for(int j=1; j<=i; j++)
                {
                    fac*=j;                  //通过将 j 累乘到 fac 来求 i 的阶乘
                }
                sum+=fac;                    //将 i 的阶乘累加到 sum
            }
            //二重循环结束，输出结果
            Console.WriteLine("1!+2!+…+10!={0}", sum);
        }
    }
}
```

4.4.5　foreach 语句

foreach 语句是 C#语言新引入的语句，C 和 C++中没有这个语句，它是借用 Visual Basic 中的 foreach 语句。foreach 语句的格式如下：

```
foreach(数据类型  变量名  in  表达式)
{
    循环体
}
```

其中，表达式必须是一个数组或其他集合类型，每一次循环从数组或其他集合中逐一取出数据，赋值给指定类型的变量。该变量可以在循环语句中使用、处理，但不允许修改变量。该变量的指定类型必须和表达式所代表的数组或其他集合中的数据类型一致。

【例 4.15】用 foreach 语句输出数组中的每个元素。

程序代码如下：

```csharp
using System;
using System.Collections.Generic;
using System.Linq;
using System.Text;
using System.Threading.Tasks;

namespace example4_15
{
    class Program
    {
        static void Main(string[] args)
        {
            int[] list={10, 20, 30, 40};          //数组
            foreach (int m in list)
                Console.WriteLine("{0}", m);      //{}可以省略
        }
    }
}
```

对于一维数组，foreach 语句的循环顺序是从下标为 0 的元素开始，直到数组的最后一个元素。对于多维数组，元素下标的递增是从最右边的一维开始的。同样，break 语句和 continue 语句也可以出现在 foreach 语句中，功能不变。

4.4.6 循环结构程序应用举例

算法是对某个问题求解过程的描述，它是程序的核心、编程的基础。编程就是用计算机语言将算法表述出来。本节介绍编程中必须掌握的常用算法，并结合实例加深理解。

1. 累加、连乘

在循环结构中，累加和连乘是比较常用的算法。累加只是在原来的基础上每次加一个数；连乘则是在原来的基础上每次乘以一个数。

【例 4.16】求出下列结果，并在控制台中显示。

1）求 1~100 中 4 或 7 的倍数的和。
2）求 2~10 的乘积。

部分程序代码如下：
1）
```csharp
int sum=0;
for (int i=1; i<=100; i++)
{
```

```
        if(i%4==0||i%7==0)
            sum=sum+i;
}
Console.Write("sum={0}", sum);
```

2)

```
long total=1;
for(int i=2; i<=10; i++)
{
    total*=i;
}
Console.Write("total={0}", total);
```

2. 求素数

素数是指除了 1 和自身以外，不能被其他整数整除的自然数。

判断整数 n 是否为素数的基本方法：将 n 分别除以 2，3，…，n-1，若都不能整除，则 n 为素数。只要有一个能整除，n 就不是素数。这就是穷举法（详细介绍见"3. 穷举法"）。

【例 4.17】输入一个整数，判断是否为素数。

程序代码如下：

```
using System;
using System.Collections.Generic;
using System.Linq;
using System.Text;
using System.Threading.Tasks;

namespace example4_17
{
    class Program
    {
        static void Main(string[] args)
        {
            int n, i;
            Console.WriteLine("请输入一个大于 2 的整数:");
            n=int.Parse(Console.ReadLine());
            i=2;
            while(n%i!=0&&i<n)
                i++;
```

```
            if(i==n)
                Console.WriteLine("{0}是素数", n);
            else
                Console.WriteLine("{0}不是素数", n);
        }
    }
}
```

当 n 较大时，这种方法除的次数太多，可以对它进行改进，通过减少除的次数来提高运行效率。由于 n = $\sqrt{n} \cdot \sqrt{n}$，用 n 除以 2，3，4，…，$\sqrt{n}$，如果 n 能被小于或等于 $\sqrt{n}$ 的数整除，也一定能被一个大于或等于 $\sqrt{n}$ 的数整除。相反，如果 n 不能被小于或等于 $\sqrt{n}$ 的数整除，则也不能被大于 $\sqrt{n}$ 的数整除。因此，只要判断 n 能否被 2，3，…，$\sqrt{n}$ 整除即可。

程序中，只要把循环语句 while(n%i!=0&&i<n)改为 while(n%i!=0&&i<Math.Pow(n,0.5))，循环次数就会大大减少。

思考：此题若改成 for 循环求解，应如何修改程序？

【例 4.18】求解[3,100]范围内的全部素数。

求解过程可分为以下两步：
1）判断一个数是否为素数。
2）将判断一个数是否为素数的程序段作为内循环，外循环是 100 以内的所有数。

程序代码如下：

```
using System;
using System.Collections.Generic;
using System.Linq;
using System.Text;
using System.Threading.Tasks;

namespace example4_18
{
    class Program
    {
        static void Main(string[] args)
        {
            int i, k=0;
            for(int n=3; n<100; n+=2)
            {
                i=2;
                while(n%i!=0&&i<n)
```

```
            i++;
        if(i==n)
        {
            Console.Write("{0,-6}", n);
            k++;
            if(k%10==0)
                Console.WriteLine();
        }
    }
}
```

运行结果如图 4-13 所示。

图 4-13 例 4.18 运行结果

注意：[3,100]范围内的素数是从 3 开始的奇数，所以外循环从 3 开始，每次循环 n 值加 2。

3. 穷举法

穷举法也称为枚举法或试凑法，即对问题的所有可能一一进行测试，判断是否满足条件，直到找到解或未找到解但将全部可能状态都测试完毕为止，一般采用循环来实现。前面例 4.17 和例 4.18 已经运用到穷举法，下面再列举几个穷举法的经典例子。

【例 4.19】百元买百鸡问题。假定小鸡每只 5 角，公鸡每只 2 元，母鸡每只 3 元。要求用 100 元买 100 只鸡，编程列出所有可能的购鸡方案。

设母鸡、公鸡、小鸡各为 x、y、z 只，根据题目要求，列出方程为

$$\begin{cases} x+y+z=100 \\ 3x+2y+0.5z=100 \end{cases}$$

3 个未知数，两个方程，此题有若干个解。

采用试凑法解决此类问题，将每一种情况都考虑到。

方法 1：3 个未知数利用三重循环来实现，代码实现如下：

```
for(int x=0; x<=100; x++)
{
    for(int y=0; y<=100; y++)
```

```
        {
            for(int z=0; z<=100; z++)
            {
                if(3*x+2*y+0.5*z==100&&x+y+z==100)
                    Console.WriteLine("母鸡有{0}只,公鸡有{1}只,小鸡有{2}只。",
                                      x, y, z);
            }
        }
    }
```

方法2：从3个未知数的关系，利用双重循环来实现，代码实现如下：

```
for(int x=0; x<=33; x++)
{
    for(int y=0; y<=50; y++)
    {
        if(3*x+2*y+0.5*(100-x-y)==100)
            Console.WriteLine("母鸡有{0}只,公鸡有{1}只,小鸡有{2}只。",
                              x, y, 100-x-y);
    }
}
```

运行结果如图4-14所示。

图4-14　例4.19运行结果

方法1利用三重循环表示3种鸡的只数，把所有购鸡的情况都考虑到，计算机运行起来耗时较多。方法2进行了循环的优化，根据3种鸡的只数为100的关系，用双重循环实现，不必使每种鸡都循环100次，因为还要满足价格100元的问题。方法2运行起来比方法1耗时短、效率高。从本例可见，穷举法可用于求解方程组。

因此，在多重循环中，为了提高运算的速度，要对程序进行优化，可从以下方面考虑。

1）尽量利用已给出的条件，减少循环的次数。
2）合理地选择内、外循环控制变量，即将循环次数多的放在内循环。

3）尽量减少用变体类型变量，例 4.19 中是在使用 x、y、z 变量前，先定义。

4. 迭代法

迭代（递推）法的基本思想是把一个复杂的计算过程转化为简单过程的多次重复。经过一个初始值，每次都从旧值的基础上递推出新值，新值按照同样的算法又可求得另一个新值，这样经过有限次可求得其解。

【例 4.20】Fibonacci 数列定义如下：

$$\begin{cases} f_1 = 1 \\ f_2 = 1 \\ f_n = f_{n-1} + f_{n-2}, \ n > 2 \end{cases}$$

求 Fibonacci 数列的前 n 项。

分析：Fibonacci 数列从第 3 个数开始，是相邻的前两个数之和。求得第 3 项以后，将原来的第 2 项作为求第 4 项的第 1 项，将第 3 项作为求第 4 项的第 2 项，再求第 4 项。重复上述过程，直到得到第 n 项。

程序代码如下：

```
using System;
using System.Collections.Generic;
using System.Linq;
using System.Text;
using System.Threading.Tasks;

namespace example4_20
{
    class Fibonacci
    {
        static void Main(string[] args)
        {
            int n, f1=1, f2=1, fn;
            Console.WriteLine("请输入一个大于 2 的整数:");
            n=int.Parse(Console.ReadLine());
            Console.WriteLine(f1);
            Console.WriteLine(f2);
            for(int i=3; i<=n; i++)
            {
                fn=f1+f2;
                Console.WriteLine(fn);
                f1=f2;
```

```
            f2=fn;
        }
    }
}
```

【例 4.21】打印九九乘法表,程序运行界面如图 4-15 所示。

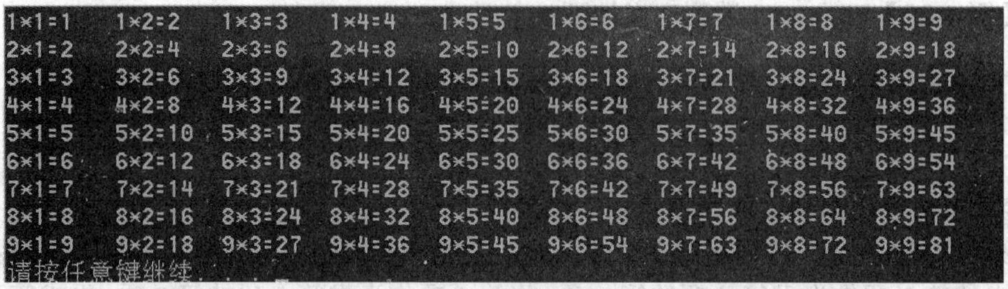

图 4-15 九九乘法表程序运行界面

分析：利用双重循环,乘数和被乘数分别作为循环变量。

程序代码如下：

```
using System;
using System.Collections.Generic;
using System.Linq;
using System.Text;
using System.Threading.Tasks;

namespace example4_21
{
    class Program
    {
        static void Main(string[] args)
        {
            for(int i=1; i<=9; i++)
            {
                for(int j=1; j<=9; j++)
                    Console.Write("{0}*{1}={2,-3}", i, j, i*j);
                Console.WriteLine();
            }
        }
    }
}
```

习 题

1．编写程序计算圆的周长和面积。
2．输入一矩形的长和宽，计算该矩形的面积。
3．输入一个三位整数 x（100≤x≤999），将其分解出百位、十位、个位，并求出各位之和及各位之积。
4．编写一个程序并运行。程序要求：输入两个小数 a、b，求较大值。
5．猜数字游戏。当用户输入的数字小于 6 时，则输出"太小了"；当用户输入的数字大于 6 时，则输出"太大了"；当用户输入的数字等于 6 时，则输出"正确"。
6．判断从键盘上输入字符串的首字符是字母、数字，还是其他字符。
7．使用 while 语句求 1～100 的奇数和。
8．使用 do…while 语句求 1～100 的奇数和。
9．使用 for 循环求 1～100 的奇数和。
10．输入两个数，求两个数的最大公约数。
11．输入两个数，求两个数的最小公倍数。
12．求 1～100 的和，但不包括个位数为 3 的数。
13．输出 1～100 中所有不能被 3 整除的数。
14．试着写一段代码，用循环打印 1～10 中的偶数（使用 continue 语句）。
15．计算 1+2+3+…的和，如果和刚刚大于 68，需要累加到几（使用 break 语句）？
16．使用 while 语句求 100 以内的奇数和（即输出 1+3+5+…+99 的结果）。
17．编程输出 1～100 中能被 3 整除但不能被 5 整除的数，并显示这些数，每个数占 5 个字符的位置，一行显示 10 个数字，统计有多少个这样的数。
18．设一张纸厚 0.5mm，面积足够大，将这张纸对折多少次后，其厚度可达 8848m，编程计算对折次数。
19．已知小球从 100m 高度自由落下，落地后反复弹起。每次弹起的高度都是上次高度的一半。求小球第 10 次落地后反弹起的高度和小球所经过的路程（不考虑球的半径）。
20．输出图 4-16 所示由"@"组成的三角形。

图 4-16 由"@"组成的三角形

21．我国现有约 13 亿人口，以年平均增长率 0.5%计算，多少年后我国人口就会增长到 15 亿？

22．求[100,1000]内的全部素数，要求将所有的素数以每行 10 个数的方式打印出来。

23．求所有的水仙花数。

24．计算不定式方程 $\begin{cases} x^2 + y^2 = 10\,000 \\ x \leqslant y \end{cases}$ 共有多少组自然数解（注意：自然数包含 0，要求输出具体的解）。

25．编写程序，求解数学灯谜。有 A、B、C、D 4 个一位非负整数，它们符合下面的算式，请求出 A、B、C、D 的值。

$$\begin{array}{r} ABCD \\ - CDC \\ \hline ABC \end{array}$$

26．用双重 for 循环语句求解以下问题：一家托运公司给某化学公司托运 1000 支玻璃试管，合同签订，每支运费 0.35 元，如损坏一支不但不给运费，还要赔偿 1.15 元，后来托运公司获得 320 元，问损坏多少支？

27．将 100 元兑换成 10 元、20 元和 50 元 3 种面值的纸钞，共有多少种兑换方式？要求每种兑换方式中都要有 10 元、20 元和 50 元。

28．求 100～500 中所有不能被 3、5、7、11 和 13 同时整除的整数之和。

第 5 章 数 组

数组是 C#的一种非常重要的数据类型，在程序设计中被广泛使用。整数类型、单精度类型和字符类型等基本数据类型只能表示一个大小或者精度不同的数据，且每一个数据都不能分解。在实际应用中，常使用数组来批量处理相同类型的相关数据。掌握好数组的使用，能够为程序设计打下良好的基础。

本章将介绍在 C#中定义和使用数组的方法，以及 Array 类的应用。

5.1 数 组 概 述

对于有些数据对象，用简单的数据类型不能充分反映其数据的特性，从而无法对它们进行有效的操作。例如，要统计 100 个患者的平均就诊费用，如果用普通的变量来代表 100 个患者的就诊费用，就要用 100 个变量，如 s_1，s_2，s_3，…，如果要统计 1000 个患者呢？这显然很不方便，此时就可以采用数组来统一处理这 100 个数据。

数组是由一组具有相同数据类型的元素按照一定的规则组成的集合。利用数组类型可以描述许多有意义的对象，如用整数类型数据组成的数组可描述一个向量，而一个矩阵可以被描述为由若干向量组成的数组，字符类型数组则可用来描述一行正文等。在程序中常根据需要定义数组，采用循环对数组中的元素进行操作，可以有效地处理大批量的数据。

以下介绍数组的几个相关概念。

1. 数组元素与下标

数组是一种数据结构，它包含多个相同数据类型的变量。包含在数组中的变量，也称为数组元素。

C#中用统一的名称（数组名）来表示数组。如果要访问数组元素，就需要将数组名与下标（也称为索引）结合起来。

下标是指数组元素在该数组中的索引值，用于标明数组元素在数组中的位置。数组元素的下标是从 0 开始的，末尾元素的下标为数组长度减 1。例如，有 5 个元素的数组的下标分别是 0，1，2，3，4。

2. 数组的类型

数组的类型是指构成数组的元素的数据类型（同一数组的所有数组元素的数据类型必须一致）。数组的类型可以是任何数据类型，如整数类型、字符串类型、布尔类型等；

也可以是用户自定义类型，如结构、枚举等。

3. 数组的维数

数组下标的个数称为数组的维数。二维或以上维数的数组称为多维数组。实际上超过三维的数组很少使用。例如，一维数组有 1 个下标，秩为 1；二维数组有 2 个下标，秩为 2。

一维数组中的所有元素都能按行（或列）顺序排成一行（或一列），只需要用一个下标便能标识其所在的位置。一维数组以线性方式存储，如"A", "B", "C", "D", "E", "G"。

二维数组数组中的所有元素，能按行、列顺序排成一个矩阵，需要用两个下标来标识这些元素的位置。例如以下矩阵：

1 3 5 7
2 4 6 8
3 6 9 12

以此类推，三维数组是需要 3 个下标的数组。

5.2 一维数组

一维数组是由具有一个下标的数组元素所构成的数组。一维数组是最简单的数组，但其应用很广泛。例如，为了记录 50 个当前候诊患者的就诊号，可以使用一个长度为 50 的一维数组来处理。一维数组比较直观，使用起来相对容易。

5.2.1 一维数组的定义

数组在使用前必须先定义。定义数组的方法与定义变量的方法类似，不同的是定义数组是一次定义一批有关联的变量。在定义数组时需要指定这批变量的类型和数组名称。

定义一维数组的语法格式如下：

数组类型[] 数组名;

说明：

1）数组类型是指构成数组的元素的数据类型，可以是任何的基本数据类型或自定义类型，如数值类型、字符串类型等。

2）数组名是C#的合法标识符，声明数组时不用指定数组的大小。

3）在数组名与数据类型之间是一个空的方括号 "[]"。方括号必须写在数组名之前，数组类型之后。

例如：

```
int[] a;              //定义了一个整数类型一维数组
char[] b;             //定义了一个字符类型一维数组
string[] c;           //定义了一个字符串类型一维数组
```

5.2.2 一维数组的初始化

在定义数组后，必须对其进行初始化才能使用。为数组元素赋初值，称为数组的初始化。数组的初始化可以分为动态初始化和静态初始化。

1. 动态初始化

动态初始化需要借助 new 运算符，为数组元素分配内存空间，并为数组元素赋初值。不同数据类型有其默认的初始化值，数值类型初始化为 0，布尔类型初始化为 false，字符串类型初始化为 null。

动态初始化的格式如下：

数组名=new 数据类型[数组长度];

例如：

```
int[] a;
a=new int[6];
```

也可以将数组定义与动态初始化合写在一起，格式如下：

数组类型[] 数组名=new 数据类型[数组长度];

例如：

```
int[] a=new int[6];
```

该语句定义了一个整数类型数组，它包含 a[0]～a[5] 6 个元素。new 运算符用于创建数组，并用默认值对数组元素进行初始化。在本例中，所有数组元素的值都被初始化为 0，也可以赋予其他初始化值，如：

```
int[] a=new int[6]{1,3,5,7,9,11};
```

此时数组元素的初始化值就是花括号中列出的元素值。

定义其他类型数组的方法是一样的，如下面的语句用于定义一个存储 8 个字符串元素的数组，并用默认值 null 对其进行初始化：

```
string[] c=new string[8];
```

定义的数组长度有几点需要注意：

1) 不给定初始值时，数组长度可以是变量。例如：

```
int m=6;
int[] b=new int[m];
```

数组 b 各数组元素在内存中均取默认值 0。

在给定初始值的情况下,数组长度不允许为变量。例如:

```
int n=5;                                  //定义变量 n
int[] myarr=new int[n] {1,2,3,4,5};       //错误
```

2)如果给出初始值部分,可以省略数组长度,因为花括号中已列出了数组中的全部元素。

例如:

```
string[] strs=new string[7] {"A","B","C","D","E","F"};
```

等价于

```
string[] strs=new string[] {"A","B","C","D","E","F"};
```

3)如果给出初始值部分,并且给出数组长度,则初始值的个数应与数组长度相等,否则出错。例如:

```
int[] mya=new int[2] {1,2};               //正确
int[] mya=new int[2] {1,2,3};             //错误
```

2. 静态初始化

如果数组中包含的元素不多,而且初始元素可以穷举,可以采用静态初始化的方法。静态初始化数组时,必须与数组定义结合在一起,否则程序会报错。

静态初始化的格式如下:

数据类型[] 数组名={元素值 0,元素值 1,…,元素值 n-1};

用这种方法对数组进行初始化时,无须说明数组元素的个数,只需按顺序列出数组中的全部元素即可,系统会自动计算并分配数组所需的内存空间。

例如:

```
int[] myarr={1,2,3,4,5};                  //定义了一个整数类型数组,它包含这 5 个元素
```

在这种情况下,不能将数组定义和静态初始化分开。例如,以下程序段是错误的。

```
int[] myarr;
myarr={1,2,3,4,5};                        //错误的数组静态初始化
```

5.2.3 一维数组元素的引用

定义一个数组,并对其进行初始化后,便可以访问数组中的元素,即引用数组元素。数组元素是通过数组名和下标来标识的。

数组元素的表示形式如下:

数组名[下标]

一维数组的元素下标从 0 开始,到数组长度减 1 为止。例如,a[0]表示 a 数组中序号为 0 的元素,a[5]表示 a 数组中序号为 5 的元素。

例如:

```
t=a[6];              //将 a 数组中序号为 6 的元素 a[6]的值赋给变量 t
```

下标既可以是整数类型常量,也可以是整数类型表达式。例如:

```
a[3+2],a[4-3],a[5*2-6]
```

等价于

```
a[5],a[1],a[4]
```

注意:只能逐个引用数组元素,而不能一次引用数组中的全部元素。

以下语句可以输出数组 myarr 的所有元素值:

```
int[] myarr={1,2,3,4,5};
for(i=0;i<5;i++)
    Console.Write("{0}",myarr[i]);
Console.WriteLine();
```

由于数组元素的序号从 0 开始,因此最大序号比数组长度少 1。如上提到的数组 myarr,长度是 5,但最大序号是 4,因此循环条件设置为 i<5。

每一个数组都有确定的长度,可以通过数组的 Length 属性得到其长度。

```
int i=myarr.Length;      //变量 i 的值为 5
```

【例 5.1】引用数组元素。利用循环给数组元素 a[0]~a[9]赋值为 0~9,然后按逆序输出各元素的值。

程序代码如下:

```
class ex5_1
{
    static void Main(string[] args)
    {
        int[] a=new int[10];
```

```
        int i;
        for(i=0; i<10; i++)
        {
            a[i]=i;
        }
        Console.WriteLine();
        for(i=9; i>=0; i--)
        {
            Console.Write("{0,5:d}", a[i]);
        }
    }
}
```

说明：

第一个 for 循环的作用是给 a 数组中的元素赋值，当执行第一次循环时，i 的值等于 0。因此，语句 a[i]=i 就相当于 a[0]=0，把 0 赋给 a 数组中的序号为 0 的元素，其余类似。

第二个 for 循环的作用是按逆序输出 a 数组中的 10 个元素。由于在循环开始时 i 的初值为 9，因此先输出的是 a[9]，然后输出 a[8]，以此类推，最后输出 a[0]。

当一个数组元素值有规律可循时，可以使用循环语句为数组赋值。将循环控制变量作为数组元素的序号来引用每个元素，并根据规律计算出相应的值，再将计算的值赋给相应的数组元素。由于数组序号从 0 开始，最大序号为数组长度减 1，因此循环变量初始值应该从 0 开始，循环条件为循环变量值小于数组的长度（或者小于等于数组长度减 1）。

注意： 如果将循环条件写为小于等于数组长度，将产生数组序号越界异常。

C#提供了一种简单的方法来循环访问数组元素，就是 foreach 语句。

foreach 语句的格式如下：

```
foreach(数据类型 循环变量 in 数组名)
{
    //循环体
}
```

说明：

1）数据类型是与数组的元素相匹配的数据类型。例如，某数组的数据类型为 int，则在使用 foreach 语句时，循环变量的数据类型也为 int。

2）循环变量是一个普通的变量，在 foreach 语句的循环体中用来表示数组中的元素。

例如，以下代码定义一个名称为 mya 的数组，并用 foreach 语句循环访问该数组。

```
int[] mya={1,2,3,4,5,6};
foreach(int i in mya)
```

```
            Console.Write("{0} ",i);
         Console.WriteLine();
```
运行结果：1 2 3 4 5 6。

以上代码执行过程中，循环次数由数组 mya 的元素个数决定。每次循环按顺序取得一个数组元素，将值赋给循环变量 i，被赋值的循环变量 i 可用在循环体中。

注意：如果在循环体中对变量 i 进行修改，并不会改变数组中的元素值。

5.2.4 一维数组的应用

分类统计是经常遇到的运算，是将一批数据中按分类的条件统计每一类中包含的个数。例如，将患者按各科室分类统计就诊人数、患者就诊费用分段统计和学生成绩按各分数段统计等。

【例 5.2】 随机生成 60 个 0～100 的随机整数，分别统计 0～19，20～39，…，80～99 及 100 的个数。

分析： 可另用数组 b 来存储各段的个数，用 b[0]存储 0～19 的个数，用 b[1]存储 20～39 的个数，…，用 b[4]存储 80～99 的个数，用 b[5]存储 100 的个数。

程序代码如下：

```
class Ex5_2
{
    static void Main(string[] args)
    {
        int[] a=new int[60];
        int[] b=new int[6];
        Random rd=new Random(0);//定义一个随机变量 rd
        int i;
        for(i=0; i<60; i++)
        {
            a[i]=rd.Next(0, 101);
            //利用 rd 的 Next()方法随机生成[0,100]的整数
            switch (a[i]/20)
            {
                case 0:
                    b[0]++;
                    break;
                case 1:
                    b[1]++;
                    break;
                case 2:
```

```
                b[2]++;
                break;
            case 3:
                b[3]++;
                break;
            case 4:
                b[4]++;
                break;
            case 5:
                b[5]++;
                break;
        }
    }
    for(i=0; i<60; i++)
    {
        Console.Write("{0,5:d}", a[i]);
        if((i+1)%10==0)
        { Console.WriteLine(); }
    }
    Console.WriteLine();
    for(i=0; i<6; i++)
    {   if(i<5)
            Console.WriteLine("{0}到{1}有{2,5:d}个", i*20,
                        i*20+19, b[i]);
        else
            Console.WriteLine("100有{0,5:d}个", b[i]);
    }
}
```

数据的查找是指从一维数组中查找指定元素，是较为常用的算法。有很多种算法可以实现查找，本书介绍采用顺序查找法实现查找。顺序查找法是较容易理解的一种查找方式，其基本思想是对所存储的数组从第 1 项开始，将 x 与数组 a 中的元素逐一进行比较，直到找到该数据，或将全部元素查找完毕仍没有找到该数据。

【例 5.3】设数组有 6 个元素{8,6,9,3,2,7}，要找一个用户指定的数据，用顺序查找法执行。

程序代码如下：

```
class Ex5_3
{
```

```
static void Main(string[] args)
{
    int[] a={8, 6, 9, 3, 2, 7};
    int x,i;
    Console.Write("请输入要查找的数:");
    x=int.Parse(Console.ReadLine());
    for(i=0;i<a.Length;i++)
    {
        if(a[i]==x)    break;
    }
    if(i==a.Length)
        Console.WriteLine("This data has not been found.");
    else
        Console.WriteLine("This data has been found.It is a[{0}]",i);
}
```

数据的排序是指将一批数据由小到大（升序）或由大到小（降序）进行排列，如按学生的成绩、球赛积分、住院天数等排序。排序的算法有许多，常用的有选择法、冒泡法、插入法、合并排序等。这里介绍前两种。

1. 选择法

选择法排序的基本思想是在 n 个数中，每次选出最小（大）数，并放在相应的位置。n 个数的序列，用选择法按递增次序排序的步骤如下：

1）对于有 n 个数的序列（存放在数组 a[n]中），从中选出最小的数，与第 1 个数交换位置；通过这一轮排序，第 1 个数（最小数）即可确定。

2）除第 1 个数外，在其余 n-1 个数中选出最小的数，与第 2 个数交换位置。

3）以此类推，选择了 n-1 次后，这个数列已按升序排列。

算法描述如下：

```
for(i=0;i<n;i++)
    从 a[i]到 a[n-1]中找出最小元素 a[t]
    将 a[t]与 a[i]交换
Next i
```

若要按递减次序排序，只需每次选出最大的数即可。

【例 5.4】对已知存放在数组中的 6 个数{8,6,9,3,2,7}，用选择法按递增顺序排序，排序过程如表 5-1 所示。

表 5-1 选择法排序过程

待排序数据						排序过程	排序结果
						原始数据	8 6 9 3 2 7
a[0]	a[1]	a[2]	a[3]	a[4]	a[5]	第 1 趟排序	2 6 9 3 8 7
	a[1]	a[2]	a[3]	a[4]	a[5]	第 2 趟排序	2 3 9 6 8 7
		a[2]	a[3]	a[4]	a[5]	第 3 趟排序	2 3 6 9 8 7
			a[3]	a[4]	a[5]	第 4 趟排序	2 3 6 7 8 9
				a[4]	a[5]	第 5 趟排序	2 3 6 7 8 9

程序代码如下:

```csharp
class Ex5_4
{
    static void Main(string[] args)
    {
        int[] a={8, 6, 9, 3, 2, 7};
        int i,j,n,t,p=0;
        n=a.Length;
        Console.WriteLine("排序前: ");
        for(i=0; i<n; i++)
            Console.Write("{0,5:d}", a[i]);
        Console.WriteLine();
        for(i=0; i<n-1; i++)          //进行 n-1 轮比较
        {
            p=i;                       //第 i 轮比较时,初始假定第 i 个元素最小
            for(j=i+1; j<n; j++)
                //在数组 i~n 个元素中选出最小元素的下标
                if(a[p]>a[j]) p=j;
            t=a[i];                    //i~n 个元素中选最小元素与第 i 个元素交换
            a[i]=a[p];
            a[p]=t;
        }
        Console.WriteLine("排序后:");
        for(i=0; i<n; i++)
            Console.Write("{0,5:d}", a[i]);
        Console.WriteLine();
    }
}
```

2. 冒泡法

冒泡法排序是将相邻两个数进行比较，如果升序排序，大数交换到后面。用冒泡法按递增次序排序的步骤如下：

1）第 1 轮：从第一个元素开始，将数组中相邻的元素两两进行比较，每次比较后都将值较小的元素放在前面，将值较大的元素放在后面，经 n-1 次两两相邻比较后，最大的数已"沉底"，放在最后一个位置，小数如同气泡一样"浮起"到一个位置。

2）第 2 轮：对余下的 n-1 个数（最大的数已"沉底"）按上述方法比较，经 n-2 次两两相邻比较后得次大的数。

3）以此类推，n 个数共进行 n-1 轮比较，在第 i 轮中要进行 n-i 次两两比较。用双重循环来实现，外循环控制比较的轮数，n 个数共比较 n-1 轮。内循环控制每轮比较的次数，第 i 轮比较 n-i 次。

【例 5.5】对例 5.4 的问题，用冒泡法排序实现，如表 5-2 所示。

表 5-2 冒泡法排序过程

待排序数据						排序过程	排序结果
						原始数据	8 6 9 3 2 7
a[0]	a[1]	a[2]	a[3]	a[4]	a[5]	第 1 轮排序	6 8 3 2 7 9
	a[1]	a[2]	a[3]	a[4]	a[5]	第 2 轮排序	6 3 2 7 8 9
		a[2]	a[3]	a[4]	a[5]	第 3 轮排序	3 2 6 7 8 9
			a[3]	a[4]	a[5]	第 4 轮排序	2 3 6 7 8 9
				a[4]	a[5]	第 5 轮排序	2 3 6 7 8 9

程序代码如下：

```
class Ex5_5
{
    static void Main(string[] args)
    {
        int[] a={ 8, 6, 9, 3, 2, 7 };
        int i, j, n, t;
        n=a.Length;
        Console.WriteLine("排序前:");
        for(i=0; i<n; i++)
            Console.Write("{0,5:d}", a[i]);
        Console.WriteLine();
        for(i=0; i<n-1; i++)
        {
            for(j=0; j<n-1-i; j++)
```

```
            {
                if(a[j]>a[j+1])
                {
                    t=a[j];
                    a[j]=a[j+1];
                    a[j+1]=t;
                }
            }
        Console.WriteLine("排序后:");
        for(i=0; i<n; i++)
            Console.Write("{0,5:d}", a[i]);
        Console.WriteLine();
    }
}
```

从以上分析可知，冒泡法排序的比较方式与选择法排序不同，但它们都经过5轮排序，排序效率一样。冒泡法排序可以改进，以减少不必要的排序次数。如果在某一轮排序中，数组元素没有进行过交换，说明序列已经是正序，不需要继续执行排序了。由此可以设一个辅助变量，监视交换操作，若没有交换过，则退出循环，结束排序。

【例 5.6】 用数组求 Fibonacci 数列前 10 个数：{1，1，2，3，5，8，13，…}。

Fibonacci 数列问题的含义如下：

$$f(n)=\begin{cases} f_1=1, & n=1 \\ f_2=1, & n=2 \\ f_n=f_{n-1}+f_{n-2}, & n\geq 3 \end{cases}$$

分析：建立一个数组，将数列中第 1 个数放在数组的第 1 个（序号为 0）元素中，将数列中第 2 个数放在数组的第 2 个（序号为 1）元素中，…，数组序号为 i 的元素的值是其前两个元素值之和，即 a[i]=a[i-1]+a[i-2]。

程序代码如下：

```
class Ex5_6
{
    static void Main(string[] args)
    {
        int[] a=new int[10];
        int i;
        a[0]=1;
        a[1]=1;
        for(i=2; i<a.Length; i++)
```

```
        {
            a[i]=a[i-1]+a[i-2];
        }
        foreach(int x in a)
        {
            Console.Write("{0,5:d}",x);
        }
    }
}
```

用数组处理这一问题,可以把每个数据都保存在各数组元素中,如果要单独输出某一个数据就很容易。如果要输出第 10 个数据,直接输出 a[9]即可。

思考:为什么不是输出 a[10],而是 a[9]?

5.3 二维数组

前面介绍了一维数组的定义和应用,进行批量数据处理时,一维数组的使用频率很高,但在一些情况下也需要用到二维数组。二维数组可以存储和处理某些具有二维特性的数据,如矩阵、行列式等。

5.3.1 二维数组的定义

定义一个二维数组需要指明数组类型、数组名和下标个数。
定义二维数组的语法格式如下:

   数组类型[,] 数组名;

说明:[,]表示数组是二维数组,两个下标。
例如,以下语句定义了两个二维数组,即整数类型数组 x 和字符串数组 y。

   int[,] x;
   string[,] y;

对于多维数组,可以做类似的推广。
定义多维数组的语法格式如下:

   数组类型[若干个逗号] 数组名

例如,以下语句定义了一个三维数组 p。

   int[,,] p;

逗号的个数由数组的维数决定。因为一个逗号能分开两个下标,而二维数组有两个下标,所以声明二维数组需要使用一个逗号,三维以上的多维数组的声明方法以此类推,若数组是 n 维的,声明时就需要 n-1 个逗号。

5.3.2 二维数组的初始化

与一维数组一样,二维数组定义后,需进行二维数组的初始化。初始化同样分为动态初始化和静态初始化。

1. 动态初始化

动态初始化二维数组的格式如下:

数组名=new 数据类型[m, n];

其中,数据类型是数组中数据元素的数据类型;m、n 分别为行数和列数,即各维的长度,可以是整数类型常量或变量。

例如:

```
int[,] a;
a=new int[3,4];
```

也可以写为

```
int[,]a=new int[3,4];
```

以上声明了一个整数类型的二维数组 a,该数组包含 3 行 4 列,共占据 12(3×4)个整数类型变量的空间,如表 5-3 所示。

表 5-3 二维数组的元素

a[0,0]	a[0,1]	a[0,2]	a[0,3]
a[1,0]	a[1,1]	a[1,2]	a[1,3]
a[2,0]	a[2,1]	a[2,2]	a[2,3]

声明并初始化二维数组后,在内存可分配一块连续的区域,存放顺序是"先行后列"。例如,数组 a 的各元素在内存中的存放顺序为 a[0,0]→a[0,1]→a[0,2]→a[0,3]→a[1,0]→a[1,1]→a[1,2]→a[1,3]→a[2,0]→[2,1]→a[2,2]→a[2,3]。

1)不给定初始值的情况。如果不给出初始值部分,各元素取默认值。

例如:

```
int[,] x=new  int[2, 3];
```

该数组各数组元素均取默认值 0。

2)给定初始值的情况。在定义时,对二维数组赋初始值,例如:

```
int[,]a=new int[2,3]{{1,2,3}{4,5,6}};
```

如果给出初始值部分，各元素取相应的初值。

如果给出的初值个数与对应的数组长度相等，可以省略数组长度。因为花括号中已列出了数组中的全部元素。

例如：

```
int[,] x=new int[2, 3]{{1,2,3},{4,5,6}};
```

等价于

```
int[,] x=new int[,]{{1,2,3},{4,5,6}};
```

2. 静态初始化

静态初始化数组时，必须与数组定义结合在一起，否则会出错。静态初始化二维数组的格式如下：

数据类型[,] 数组名={{元素值$_{0,0}$,元素值$_{0,1}$,…,元素值$_{0,n-1}$},
　　　　　　　　{元素值$_{1,0}$,元素值$_{1,1}$,…,元素值$_{1,n-1}$},
　　　　　　　　…,
　　　　　　　　{元素值$_{m-1,0}$,元素值$_{m-1,1}$,…,元素值$_{m-1,n-1}$}};

例如，以下语句是对二维整数类型数组 myarr 的静态初始化。

```
int[,]  myarr={{1,2,3},{4,5,6}};
```

二维数组也可以使用 Length 来获取数组的长度，但与一维数组不同的是，二维数组的 Length 代表的是二维数组的行数与列数的乘积。例如，对于以上定义的数组 myarr，表达式 myarr.Length 的值为 6（2×3）。

5.3.3 二维数组元素的引用

二维数组元素的引用与一维数组类似，只是每个元素由两个序号来确定，而且只能逐个引用数组元素的值，不能一次性引用整个数组。

二维数组的访问是通过数组名和两个下标来实现的。格式如下：

数组名[行下标, 列下标]

二维数组中元素每一维的下标相互独立，各自标识在本维度的位置。例如：

```
int[,]a=new int[2,3]{{1,2,3}{4,5,6}};
int x;
x=a[0,1];           //x 值为 2
a[1,2]=10;          //a[1,2]被重新赋值，数组a的值变为{{1,2,3}{4,5,10}}
```

如要输出二维数组 a 中的元素，则可用下列双重循环的 for 语句来实现：

```
for(int i=0;i<2;i++)
{
    for(int j=0;j<3;j++)
        Console.Write("{0,5:d}",a[i,j]);
    Console.WriteLine();
}
```

【例5.7】定义一个3行4列的二维数组，通过二重循环数组输入数据，并按3行4列输出数组元素。

程序代码如下：

```
class Ex5_7
{
    static void Main(string[] args)
    {
        int[,] a=new int[3, 4];                //定义一个二维数组
        for(int i=0; i<3; i++)                 //双重循环实现二维数组元素的输入
            for(int j=0; j<4; j++)
                a[i, j]=Convert.ToInt32(Console.ReadLine());
        for(int i=0; i<3; i++)                 //双重循环实现二维数组元素的输出
        {
            for(int j=0; j<4; j++)
                Console.Write("{0,5:d}", a[i, j]);
            Console.WriteLine();               //每输出一行后换行
        }
    }
}
```

5.3.4 二维数组的应用

二维数组可以存储和处理某些具有二维特性的数据，解决实际问题，也经常用于表示矩阵，可实现矩阵的一些运算，如矩阵的加、减、乘、除、转置、求逆等。

【例5.8】已知4个考生的英语、数学、法律三门课的考试成绩，计算出每个考生的平均成绩。

考生1	88	75	62
考生2	96	85	75
考生3	68	63	72
考生4	95	89	76

分析：把4个考生的考试成绩存入一个二维数组中，每行存储一个考生各门功课的成绩。另定义一个一维数组，用于存储考生的总成绩，然后循环输出各考生及其对应的

平均成绩。

程序代码如下：

```
class Ex5_8
{
    static void Main(string[] args)
    {
        int[] Ave=new int[4];
        int[,] grade = { { 88,75,62 }, { 96,85,75 }, {68,63,72}, {95,89,76} };
        for (int i=0; i<4; i++)
        {
            for(int j=0; j<3; j++)
            {
                Ave[i]+=grade[i, j];
            }
        }
        for (int k=0; k<4; k++)
            Console.WriteLine("考生{0} 平均成绩={1}", k+1,
                        Math. Round (Ave[k]/3.0));
    }
}
```

思考：如果要求出每门课程的平均成绩呢？

【例5.9】设计一个控制台应用程序，输出九行杨辉三角，效果如图 5-1 所示。

图 5-1　杨辉三角

分析：杨辉三角的特点是每行的首位元素和末位元素的值都为 1，其他元素的值是上一行当前列和上一行前一列的两数之和。

程序代码如下：

```
class Ex5_9
{
    static void Main(string[] args)
    {
        int[,] a=new int[9, 9];
```

```
        for(int i=0; i<9; i++)
        {
            for(int j=0; j<=i; j++)
            {
                if(j==0||i==j)
                    a[i, j]=1;
                else
                    a[i, j]=a[i-1, j]+a[i-1, j-1];
                Console.Write("{0,4:d}",a[i,j]);
            }
            Console.WriteLine();
        }
    }
}
```

【例 5.10】已知 5×4 阶矩阵 A，求其转置矩阵 B。

分析：m×n 阶矩阵 A 转置为 n×m 阶矩阵 B，满足 b[i, j]=a[j,i]（B 的第 i 行第 j 列元素是 A 的第 j 行第 i 列元素），记 A'=B。

直观来看，将 A 的所有元素绕着一条从第 0 行第 0 列元素出发的 315°的射线作镜面反转，即得到 A 的转置。

程序代码如下：

```
class Ex5_10
{
    static void Main(string[] args)
    {
        const int M=5;
        const int N=4;
        int[,] a=new int[M, N];
        int[,] b=new int[N, M];
        int i,j;
        Random rd=new Random(0);
        Console.WriteLine("转置前");
        for(i=0; i<M; i++)              //产生矩阵A,并输出
        {
            for(j=0; j<N; j++)
            {
                a[i, j]=rd.Next(10, 101);
                Console.Write("{0,5:d}", a[i, j]);
            }
            Console.WriteLine();
```

```
        }
        for(i=0; i<M; i++)               //转置过程
        {
            for(j=0; j<N; j++)
            {
                b[j, i]=a[i, j];
            }
        }
        Console.WriteLine("转置后");
        for(i=0; i<N; i++)               //输出转置得到的矩阵 B
        {
            for(j=0; j<M; j++)
            {
                Console.Write("{0,5:d}", b[i, j]);
            }
            Console.WriteLine();
        }
    }
}
```

运行结果如图 5-2 所示。

图 5-2 矩阵转置运行结果

如果矩阵 A 是一个方阵，则无须另外定义一个矩阵 B，转置结果直接放在 A 方阵，方阵转置的程序代码如下：

```
for(i=1;i<M;i++)
{
    for(j=0; j<i ;j++ )
    {
        temp=c[i, j];
        c[i, j]=c[j, i];
        c[j, i]=temp;
    }
}
```

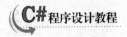

5.4 Array 类及应用

5.4.1 Array 类的常用属性和方法

Array 类是支持数组语言实现的基类，属于命名空间 System。Array 类提供创建、操作、搜索和排序数组的方法。

以下介绍 Array 类中一些常用的属性和方法，适当地使用这些属性和方法可以有效提高数组操作的效率。

1. Array 类的常用属性

（1）Length 和 LongLength

这两个属性返回一个 32 位或 64 位整数，该整数表示 Array 的所有维度中元素的总数。例如下列程序段：

```
int[,] a=new int[10,3];
Console.Write(a.Length);           //输出 30
```

（2）Rank

Rank 属性获取 Array 的维数。例如下列程序段：

```
int[,,] a=new int[10,3,5];
Console.Write(a.Rank);             //输出 3
```

2. Array 类的常用方法

（1）Clear()

Clear()方法将 Array 中的一系列元素设置为 0、false 或 Nothing，具体取值于数组元素的数据类型。例如下列程序段：

```
int[] a=new int[6]{9,8,7,6,5,4};
Array.Clear(a,0,4);                //将数组 a 中从下标为 0 开始的连续 4 个元素设置为 0
```

（2）Copy()

Copy()方法有多种重载方式，实现从第一个元素或指定位置开始复制 Array 中的一系列元素，并将它们粘贴为另一个 Array 中从第一个元素或指定位置开始的一系列元素。例如下列程序段：

```
int[,] a=new int[2,3]{{1,2,3},{4,5,6}};
int[,] b=new int[3,5];
//将数组 a 从第一个元素开始的连续 6 个元素复制到数组 b 中
```

```
Array.Copy(a,b,6);
```

(3) GetLength()

GetLength()方法获取一个 32 位整数,该整数表示 Array 的指定维中的元素数。例如下列程序段:

```
int[,] a=new int[2,3]{{1,2,3},{4,5,6}};
Console.WriteLine(a.GetLength(0));   //输出 2,即 a 包括两个子数组
Console.WriteLine(a.GetLength(1));   //输出 3,即 a 的子数组包括 3 个元素
```

由于 GetLength()是 Array 类的非静态方法,所以其调用时需借助于具体的数组 a,使用上与 Clear()和 Copy()方法不一样。非静态方法的详细情况会在 6.5.2 节介绍。

(4) GetLowerBound()和 GetUpperBound()

这两个方法获取 Array 的指定维度的下限和上限。例如下列程序段:

```
int[,] a=new int[2,3]{{1,2,3},{4,5,6}};
Console.WriteLine(a.GetLowerBound(0));           //输出 0
Console.WriteLine(a.GetUpperBound(0));           //输出 1
```

(5) IndexOf()

IndexOf()方法在一维数组中搜索指定数据,并返回数组中第一个匹配项的索引,查找不成功时返回值为该数组的下限减 1。例如下列程序段:

```
int[] a=new int[6]{1,2,3,4,5,6};
Console.WriteLine(Array.IndexOf(a,5));           //输出 4
Console.WriteLine(Array.IndexOf(a,10));          //输出-1
```

(6) Reverse()

该方法反转整个一维 Array 中的元素。例如下列程序段:

```
int[] a=new int[6]{1,2,3,4,5,6};
Array.Reverse(a);                    //调用 Reverse 方法进行数组元素反转
```

(7) Sort()

Sort()方法实现对一维数组的元素排序。例如下列程序段:

```
int[] a=new int[6]{6,2,5,1,3,4};
Array.Sort(a);                       //调用 Sort 方法对数组元素排序
```

5.4.2 Array 类的应用

5.2.4 节借用各种查找和排序算法及循环结构实现了实际应用问题中查找和排序的求解。Array 类提供了一种更便捷的解决查找和排序问题的方法。以下例子使用 Array 类解决此类问题。

【例5.11】借助 Array 类实现例5.3 的功能,在数组中查找指定数据。

程序代码如下:

```
class Ex5_11
{
    static void Main(string[] args)
    {
        int[] a={8, 6, 9, 3, 2, 7};
        int x, i;
        int pos;
        Console.Write("请输入要查找的数:");
        x=int.Parse(Console.ReadLine());
        pos=Array.IndexOf(a, x);
        if(pos==-1)
            Console.WriteLine("This data has not been found.");
        else
            Console.WriteLine("This data has been found.It is a[{0}]",pos);
    }
}
```

【例5.12】借助 Array 类实现例5.4 的功能,将数组按升序排列。

程序代码如下:

```
class Ex5_12
{
    static void Main(string[] args)
    {
        int[] a={8, 6, 9, 3, 2, 7};
        int i,n;
        n=a.Length;
        Console.WriteLine("排序前:");
        for(i=0; i<n; i++)
            Console.Write("{0,5:d}", a[i]);
        Console.WriteLine();
        Array.Sort(a);
        Console.WriteLine("排序后:");
        for(i=0; i<n; i++)
            Console.Write("{0,5:d}", a[i]);
        Console.WriteLine();
    }
}
```

【例5.13】例5.4实现了升序排列，借助Array类实现对同一数组的降序排列。程序代码如下：

```
class Ex5_13
{
    static void Main(string[] args)
    {
        int[] a={8, 6, 9, 3, 2, 7};
        int i,n;
        n=a.Length;
        Console.WriteLine("排序前:");
        for(i=0; i<n; i++)
            Console.Write("{0,5:d}", a[i]);
        Console.WriteLine();
        Array.Sort(a);
        Array.Reverse(a);
        Console.WriteLine("排序后:");
        for(i=0; i<n; i++)
            Console.Write("{0,5:d}", a[i]);
        Console.WriteLine();
    }
}
```

习 题

1. 定义一个包含10个元素的数组，使其元素值为其对应下标数的平方，并输出数组中的元素。

2. 给定10个数：7、66、8、36、12、24、99、1、105和66，将这些数存储在数组中，求数组元素最大值及位置。

3. 给定6个数：75、83、97、60、88和28，将这些数存储在数组中，并将其按从大到小的顺序输出。

4. 给定6个数：75、83、97、60、88和28，将这些数存储在数组中，求奇数个数和偶数个数。

5. 生成一个5行6列的二维数组，数组元素是随机产生的整数，取值范围为[10,99]，随机种子为0。求最大元素所在的位置（第几行第几列）。随机整数的生成参考6.6.1节的Random类的例子。

6. 随机产生5个[10,100]区间内的整数，随机种子为0。输出它们的平均值、大于平均值的数及其个数。

7．输入一串字符，统计各字母出现的次数（忽略大小写）。

8．已知一个一维数组，其元素为{1,7,10,16,22}。输入一个整数，将该数插入数组中合适的位置，使插入后数组元素保持从小到大排列。

9．生成一个包含 5 个元素的一维数组，数组元素是随机产生的整数，取值范围为[10,100]，随机种子为 0。对数组元素从小到大排序。输入一个数，如果该数包含在数组中，将其删除并输出删除后的数组；否则，提示该数不存在。

10．生成一个包含 10 个元素的一维数组，数组元素是随机产生的整数，取值范围为[50,100]，种子为 0。求数组最大值、最小值、平均值，并对数组元素从大到小排序，输出排序后的结果（使用 Array 类完成本题）。

第6章 面向对象程序设计基础

面向对象是一种模块化、以对象为基础的设计思想,被广泛用于软件设计领域。使用面向对象程序设计方法来解决问题,即从实际问题中抽象并封装数据和操作的对象,通过定义其状态和调用其行为来描述对象的特征和功能,使程序设计符合人们日常的思维习惯,降低问题的难度和复杂程度,提高编程效率。

本章将介绍面向对象程序设计的相关知识及在C#语言中的应用体现。

6.1 面向对象程序设计的基本概念

面向对象的程序设计(object oriented programming,OOP)的主要思想是将数据及处理这些数据的操作都封装到一个称为类(class)的数据结构中。使用这个类时,只需要定义一个类的变量即可,这个变量称为对象。通过调用对象的成员完成对类的使用。类和对象是面向对象的基本概念,而封装、继承和多态是面向对象的3个基本特征。

1. 类

在面向对象理论中,类就是对具有相同特征的一类事物所做的抽象(或归纳)。例如,"人"这个抽象的集合可以视作一个类——"人"类。

2. 对象

类是一种抽象,而对象则是实例(instance),是具体的。例如,"人"类是抽象的集合,而世界上的每一个人都是这个类的例子,即类的实例——"人"类的对象。这些"人"类的对象有很多共同的特征,如包含姓名、性别、年龄、身高和体重等信息。但是,对于每个不同的具体对象来说,这些信息的具体值是不一样的。

3. 封装

封装就是把数据和方法封装为一个独立的整体,尽可能隐蔽对象的内部细节,对外公开对象外部特性。封装的目的是把对象的设计者和对象的使用者分开,使用者不必了解对象的内部实现细节,只需调用设计者提供的公开接口来访问和使用该对象。

4. 继承

继承是一种由已有的类创建新类的机制。利用继承,可以先创建一个共有属性的一般类,再根据该一般类创建具有特殊属性的新类。在类的继承中,被继承的类称为基类

（又称为父类），由基类继承的类称为派生类（又称为子类）。派生类自动获得基类的所有非私有属性和方法，而且可以在派生类中添加新的属性和方法。继承提高了代码的可重用性，促进了系统的可扩充性。

5. 多态

多态是面向对象编程的又一个重要特性。派生类可以体现多态，即派生类可以根据各自的需要重写基类的某个方法，派生类可以通过方法的重写把基类的状态和行为改变为自身的状态和行为。在一般类中定义的属性或行为，被特殊类继承之后，可以具有不同数据类型或表现出不同的行为。程序在运行时，会自动判断对象的派生类型，并调用相应的方法。接口也可以体现多态，即不同的类在实现同一接口时，可以给出不同的实现手段。

6.2 类和对象

6.2.1 类的声明

类是组成C#程序的基本要素。它封装了一类对象的状态和方法，是用来定义对象的模板。

类的声明格式如下：

```
[访问修饰符] class 类名
{
    类的成员；
}
```

类的成员包括常量、变量（字段）、属性、方法、事件、运算符、索引器、构造函数、析构函数等。下面介绍常用的几项。

1）常量：代表与类相关的常量值。
2）变量（字段）：类中的成员变量。
3）属性：用于封装类的字段。利用属性可以实现对类的私有字段的读写操作。
4）方法：用于完成类中所涉及的各种功能。
5）事件：由类产生的通知，用于说明发生了什么事情。
6）构造函数：在类被实例化的同时被执行的成员函数，主要用于完成对象初始化操作。
7）析构函数：在类被删除之前最后执行的成员函数，主要用于完成对象结束时的收尾操作。

例如，下面代码定义了一个简单的矩形类。

```
class Rect
{   public int height;
    public int width;
    public int area()
    {
        int  s=height*width;
        return s;
    }
}
```

该类定义用数据成员（字段）height、width 表示矩形的高度和宽度，还有一个用于求得矩形面积的操作（类的方法）。

本节对类的声明仅作简单示范。关于类的声明中类的成员的详细定义将在 6.3 节展开叙述。

6.2.2 对象

1. 对象的创建

类声明后，即可将该类作为一种数据类型来定义并创建属于该类的一个实例（对象）。创建类的对象的步骤如下。

1）声明对象名。格式如下：

　　类名　对象名;

例如：

　　Rect rect1;　　　　　　　　//定义类 Rect 的一个对象

2）创建类的实例。格式如下：

　　对象名=new 类名();

例如：

　　rect1=new Rect ();　　　　//创建一个实例

以上两步也可以合并成一步。格式如下：

　　类名　对象名=new 类名();

例如：

　　Rect rect1=new Rect();

2. 对象的使用

对象创建好后，即可在后续的代码中使用对象。对象的使用，即对象中数据和成员

函数的访问格式如下:

对象名.数据

对象名.成员函数名

利用上述矩形类创建两个矩形对象并分别调用各自的方法。程序代码如下:

```
static void Main(string[] args)
{
    Rect rect1=new Rect();          //声明并创建对象 rect1
    Rect rect2=new Rect();          //声明并创建对象 rect2
    rect1.height=2;
    rect1.width=2;
    rect2.height=2;
    rect2.width=3;
    int area1=rect1.area();         //求矩形 rect1 的面积
    int area2=rect2.area();         //求矩形 rect2 的面积
    Console.WriteLine("area1={0},area2={1}", area1, area2);
}
```

可见同一类中的对象有相同的数据成员,但是各有不同的值,并可利用各自的方法对该对象自身数据进行操作。

【例 6.1】以下代码声明了一个类 MyClass,通过创建两个对象来使用类 MyClass 中定义的字段、方法和构造函数。

程序代码如下:

```
namespace Ex6_1
{
    class MyClass
    {
        public int x;
        public MyClass(int i)
        {
            x=i;
        }
    }
    class Program
    {
        private static void Main(string[] args)
        {
            MyClass my1, my2;
            my1=new MyClass(10);
```

```
            my2=new MyClass(20);
            Console.WriteLine("my1 中 x 的值为{0}", my1.x);
            Console.WriteLine("my2 中 x 的值为{0}", my2.x);
            my1.x=30;
            Console.WriteLine("修改后 my1 中 x 的值为{0}", my1.x);
            Console.WriteLine("修改后 my2 中 x 的值为{0}", my2.x);
        }
    }
}
```

6.3 类 的 成 员

类的成员可以分为两大类：类本身所声明的和从基类中继承而来的。

在 C#中，按照类的成员是否为函数将其分为两种：一种不以函数形式体现，称为成员变量；另一种以函数形式体现，称为成员函数。

本节主要介绍一些常用的成员，包括字段、属性、方法、构造函数和析构函数。

6.3.1 字段

字段是指在类体中定义的变量。类中的字段可以是任何类型的变量，包括简单类型和引用类型，可以用标准的变量声明格式和访问修饰符来定义。

字段定义的语法格式如下：

　　[访问修饰符] [其他修饰符] 数据类型 变量名列表；

说明：

1）访问修饰符：可选，默认为 private。

2）其他修饰符：可选，常用的有 const、static、readonly 等。若字段用了修饰符 static，则是静态成员，通过"类名.字段名"访问；若字段是非静态成员，通过"对象名.字段名"访问。

3）数据类型：变量的类型，可以是简单类型或引用类型。

4）变量名列表：变量的名称，一次可以定义一个或多个变量。多个变量用逗号","分隔。

6.3.2 属性

属性是一种特殊的类成员，它既可以看作一种成员变量，也可以看作一种成员方法。为了实现对私有数据的隐藏，通常将字段设置为私有权限，然后通过属性来控制对私有字段的存取，并且可以在访问器中加入代码，以判断数据的合法性。

属性定义的语法格式如下：

```
[访问修饰符][其他修饰符] 数据类型 属性名
{
    get                 //读访问器
    {
        return 表达式 1;
    }
    set                 //写访问器
    {
        表达式 2;        //表达式 2 一般包含特殊变量 value
    }
}
```

说明：

1）访问修饰符：默认为 private。属性的访问修饰符一般定义为 public。

2）其他修饰符：可选，如 static 等。若属性用了修饰符 static，则是静态成员，通过 "类名.属性成员名" 访问；若属性是非静态成员，通过 "对象名.属性成员名" 访问。

3）数据类型：可以为简单类型，也可以为引用类型，表示 get 属性访问器的返回值类型。

4）属性名：属性的名称，外部代码可以通过属性名来调用 get 访问器和 set 访问器。

5）get：get 访问器，也称为读访问器，用于返回属性值，即表达式 1 的值，其返回值类型和属性的类型相同。通常用 return 语句返回某一个成员变量的值。

6）set：set 访问器，也称为写访问器，用于为属性分配新值。set 访问器有一个隐式的名为 value 的参数，其类型与属性类型相同。set 访问器就像带有一个参数的方法，这个参数的名称是 value（注意：参数 value 是隐含的，不能再定义），它的值就是调用者要写入属性的值。

属性定义可以包含 get 和 set 两个访问器的定义，也可以只包含其中的一个。根据 get 和 set 访问器是否存在，属性按下列特征进行分类：

1）既包括 get 访问器也包括 set 访问器的属性称为读写属性。

2）只包括 get 访问器的属性称为只读属性。一个只读属性被赋值是非法的。

3）只包括 set 访问器的属性称为只写属性。

使用属性设置变量成员的值时，可以在访问器中加入代码，用来判断数据的合法性。

【例 6.2】 通过属性 Age 实现对私有字段 age 的读写，并确保接收的数据在 10~60，否则保持数据值为 0。

程序代码如下：

```
namespace Ex6_2
{
```

```
class MyClass
{
    private int age;
    public int Age
    {
        get
        { return age; }
        set
        {
            if(value<10||value>60)
                value=0;
            age=value;
        }
    }
}
class Program
{
    private static void Main(string[] args)
    {
        MyClass my=new MyClass();
        my.Age=35;        //调用 set 访问器
        Console.WriteLine("my 对象中 age 字段值为{0}", my.Age);
        //调用 get 访问器
        my.Age=350;
        Console.WriteLine("my 对象中 age 字段值为{0}", my.Age);
    }
}
```

属性与变量都可以用来表示事物的状态，但属性可以实现只写或只读，并且可以对用户指定的值（value）进行有效性检查，从而保证只有正确的状态才会得到设置，而变量不能。所以，一般采取以下原则：

1）若在类的内部记录事物的状态信息，则用变量。
2）变量一般用 private 修饰，以防止对外使用。
3）对外公布事物的状态信息，则使用属性。
4）属性一般与某个或某几个变量有对应关系。

6.3.3 方法

类的方法是类中用于计算或进行其他操作的成员。它主要用来操作类的数据，提供一种访问数据的途径。按照程序代码执行的功能或其他依据把相关的语句组织在一起，并给它们注明相应的名称，就形成了类的方法。

方法的功能是通过方法调用实现的。方法调用指定了被调用方法的名称和调用方法所需的信息（参数），调用方法要求被调用方法按照方法参数完成某个任务，并在完成这个任务后由方法返回。如果调用过程出错，则无法完成正常的任务。

1. 方法的定义与调用

方法定义的格式如下：

```
[访问修饰符] [其他修饰符] 数据类型 方法名([参数列表])
{
    //方法体
}
```

说明：

1）访问修饰符：可选，默认为 private。

2）其他修饰符：可选，如 static、virtual、override 等。若方法用了修饰符 static，则是静态方法，通过"类名.方法名"访问；若方法是非静态方法（也称为实例方法），则通过"对象名.方法名"访问。

3）数据类型：方法的返回值类型，可以是简单类型、引用类型或 void 类型。如果方法不需要返回一个值，其返回值类型是 void。

4）方法名：按标识符的命名规则设置的方法名称。

5）参数列表：可选，由零个或多个用逗号分隔的参数组成。每个参数由类型与标识符组成。参数类型可以是简单类型，也可以是引用类型。这里的参数是形式参数，本质上是一个变量，它用来在调用方法时接收传给方法的实际参数值。如果方法没有参数，那么参数列表为空，但括号不能省略。

6）方法体：用{}括起来的语句块。

以下两个例题分别定义了无参数的方法和有参数的方法。

【例 6.3】无参数的方法示例。

程序代码如下：

```
namespace Ex6_3
{
    class MyClass
    {
        public void Print()            //定义了无参数的方法 Print()
        {
            Console.WriteLine("调用了 print()方法");
        }
```

```
    }
    class Program
    {
        private static void Main(string[] args)
        {
            MyClass my=new MyClass();
            my.Print();
        }
    }
}
```

【例 6.4】有参数的方法示例。

程序代码如下：

```
namespace Ex6_4
{
    class MyClass
    {
        public void Print(int a,int b)   //定义了有参数 a,b 的方法 Print()
        {
            Console.WriteLine("调用了 print()方法{0} {1}",a,b);
        }
    }
    class Program
    {
        private static void Main(string[] args)
        {
            int x,y;
            x=3;
            y=4;
            MyClass my=new MyClass();
            my.Print(x,y);
        }
    }
}
```

有两种情况会导致方法返回：一是遇到方法的结束花括号；二是执行遇到 return;语句。

return;语句有两种形式：一种用在 void()方法中（没有返回值的方法），另一种用在有返回值的方法中。在有返回值的方法中，return;语句用于返回一个值，类型应与方法的数据类型一致。

【例6.5】通过方法的结束花括号返回。定义一个方法，输出1～9中不能被3整除的数。

程序代码如下：

```
namespace Ex6_5
{
    class Test
    {
        public void myMeth()
        {
            int j;
            for(j=1;j<10;j++)
            {
                if(j%3==0)
                    continue;
                Console.Write("{0}\t",j);
            }
        }
        static void Main()
        {
            Test lei=new Test();
            lei.myMeth();
        }
    }
}
```

在一个方法中，可以有两个或多个return;语句，特别是当方法有多个分支时。

【例6.6】有两个或多个return;语句的方法示例。

程序代码如下：

```
namespace Ex6_6
{
    class program
    {   public void myMeth(int j)
        {   if(j>=5)
            {   j=j*2;
                Console.WriteLine(j);
                return;
            }
            else
            {   j=j*3;
```

· 124 ·

```
                Console.WriteLine(j);
                return;
            }
        }
    }
    static void Main()
    {   Test lei=new Test();
        int a;
        a=8;
        lei.myMeth(a);
    }
}
```

当方法返回一个值给调用者时，需使用下述形式的return;语句。

```
return   value;
```

说明：这里的value是从方法中返回的值，也可以是一个表达式。

【例6.7】用return;语句返回值示例。

程序代码如下：

```
namespace Ex6_7
{
    class Test
    {
        public int myMeth()
        {
            int j=8;
            if(j>=5)
                return  j*2;
            else
                return  j*3;
        }
        static void Main()
        {
            Test lei=new Test();
            int a;
            a=lei.myMeth();
            Console.WriteLine("{0}", a);
        }
    }
}
```

2. 方法的参数类型

方法定义时的参数列表中的参数称为形式参数，简称形参（parameter）；程序调用方法时的参数列表中的参数称为实际参数，简称实参（argument）。形参的声明语法与变量的声明语法一样。形参只在方法内部有效，除了将接收实参的值外，它与一般的变量没区别。在调用方法时，需要保证实参与形参数量相同、顺序对应、类型一致，如图6-1所示。

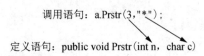

图6-1 实参与形参结合示意图

在调用方法时，形参获得从实参传递过来的数据，此数据可能是一个具体的数值，也可能是一个变量的地址，取决于方法定义时确定的参数类型。在 C#中，方法的参数类型主要包括值参数、引用参数和输出参数。

（1）值参数

未用任何修饰符声明的参数就是值参数。该参数所属的方法被调用时，系统为值参数单独创建存储空间，并把实参的值复制给形参。方法内发生的对形参的更改对实参中存储的原始数据无任何影响。

【例6.8】值参数示例。

程序代码如下：

```
namespace Ex6_8
{
    class MyClass
    {
        public void SquareVal(int i)//方法 SquareVal 的形参 i 是一个值参数
        {
            Console.WriteLine("方法调用中形参 i 的初始值为{0}", i);
            i=i*i;
            Console.WriteLine("方法调用中形参 i 修改后值为{0}",i);
        }
    }
    class Program
    {
        private static void Main(string[] args)
        {
            MyClass my=new MyClass();
```

```
            int x=3;
            Console.WriteLine ("方法调用前实参 x 的值为{0}",x);
            my.SquareVal(x);         //方法 SquareVal 的实参是 x
            Console.WriteLine ("方法调用后实参 x 的值为{0}",x);
        }
    }
}
```

运行结果如下:

方法调用前实参 x 的值为 3
方法调用中形参 i 的初始值为 3
方法调用中形参 i 修改后值为 9
方法调用后实参 x 的值为 3

(2) 引用参数

用 ref 修饰符声明的参数称为引用参数。引用参数本身并不创建新的存储空间,而是将实参的存储地址传递给形参。形参与实参共用一个存储单元,可以认为引用参数就是调用方法时给出的变量,而不是一个新变量,只是用了不同的变量名。因此,方法内对形参值的更改实际上就是对实参值的更改。

引用参数的语法格式如下:

方法修饰符　返回类型　方法名(ref 参数 1[,ref 参数 2,…])
{
    方法实现部分;
}

注意:调用方法时,实参前面也必须加上 ref。

【例 6.9】ref 引用参数示例。
程序代码如下:

```
namespace Ex6_9
{
    class MyClass
    {
        public void SquareRef(ref int i)
        {
            Console.WriteLine("方法调用中形参 i 的初始值为{0}", i);
            i=i*i;
            Console.WriteLine("方法调用中形参 i 修改后值为{0}", i);
        }
```

```
class Program
{
    private static void Main(string[] args)
    {
        MyClass my=new MyClass();
        int x=3;
        Console.WriteLine("方法调用前实参x的值为{0}", x);
        my.SquareRef(ref x);
        Console.WriteLine("方法调用后实参x的值为{0}", x);
    }
}
```

运行结果如下:

方法调用前实参 x 的值为 3
方法调用中形参 i 的初始值为 3
方法调用中形参 i 修改后值为 9
方法调用后实参 x 的值为 9

(3) 输出参数

用 out 修饰符定义的参数称为输出参数。如果希望方法返回多个值,可使用输出参数。输出参数的语法格式如下:

方法修饰符　返回类型　方法名(out 参数 1[,out 参数 2,…])
{
　　方法实现部分;
}

注意:调用方法时,实参前面也要加上 out。

【例 6.10】使用输出参数示例。

程序代码如下:

```
namespace Ex6_10
{
    class gump
    {
        public void math_routines(double x, out double half, out double
                        squared, out double cubed)
        {
            half=x/2;
            squared=x*x;
```

```
            cubed=x*x*x;
        }
    }
    class TestApp
    {
        public static void Main()
        {
            gump doit=new gump();
            double x1=600;
            double cubed1=0;
            double squared1=0;
            double half1=0;
            Console.WriteLine("方法调用前实参 x1 的值为{0}", x1);
            Console.WriteLine("方法调用前实参 half1 的值为{0}",half1);
            Console.WriteLine("方法调用前实参 squared1 的值为{0}",squared1);
            Console.WriteLine("方法调用前实参 cubed1 的值为{0}",cubed1);
            doit.math_routines(x1, out half1, out squared1, out cubed1);
            Console.WriteLine("方法调用后实参 x1 的值为{0}", x1);
            Console.WriteLine("方法调用后实参 half1 的值为{0}",half1);
            Console.WriteLine("方法调用后实参 squared1 的值为{0}",squared1);
            Console.WriteLine("方法调用后实参 cubed1 的值为{0}",cubed1) ;
        }
    }
}
```

运行结果如下：

方法调用前实参 x1 的值为 600
方法调用前实参 half1 的值为 0
方法调用前实参 squared1 的值为 0
方法调用前实参 cubed1 的值为 0
方法调用后实参 x1 的值为 600
方法调用后实参 half1 的值为 300
方法调用后实参 squared1 的值为 360000
方法调用后实参 cubed1 的值为 216000000

ref 参数和 out 参数似乎可以实现相同的功能，因为两者都可以改变传递到方法中的变量的值，但是其本质的区别是，ref 是传入值，out 是传出值，在含有 out 关键字的方法中，变量必须有方法参数中不含 out（可以是 ref）的变量赋值或者由全局变量（即方法可以使用的该方法外部变量）赋值，out 要保证每一个传出变量都必须被赋值。

在传入变量的时候，有 out 关键字的变量可以不被初始化，但是没有 out 关键字的变量要被赋值。而 ref 参数在传递给方法时，就已经被赋值了，所以 ref 侧重修改参数的数据，而 out 侧重带回执行结果。

3. 方法重载

方法重载是指类中两个以上的方法（包括隐藏的继承而来的方法）名称相同，但使用的参数类型或参数个数不同。在调用重载的方法时，具体要调用哪个方法根据设置的实际参数来决定，即由实参与形参的匹配来决定，参数匹配的方法即为被调用的方法。

注意：两个方法的名称、参数类型和参数个数都相同，但返回值类型或访问修饰符不同，不能构成方法的重载。两个方法的名称、参数类型和个数都相同，仅 ref 修饰符的顺序不同，也不能构成方法的重载。静态成员方法不能重载。

【例 6.11】类的方法重载示例。

程序代码如下：

```csharp
namespace Ex6_11
{
    class MyClass
    {
        public void Volume(int length, int width, int height)
        {
            int f=length*width*height;
            Console.WriteLine("长方体体积为{0}", f);
        }
        public void Volume(int radius)
        {
            float f=4*3.14f*radius*radius*radius/3;
            Console.WriteLine("球体积为{0}", f);
        }
    }
    class Program
    {
        private static void Main(string[] args)
        {
            MyClass my=new MyClass();
            my.Volume(3);
            my.Volume(3, 4, 5);
        }
    }
}
```

运行结果如下：

球体积为 113.04

长方体体积为 60

6.3.4 构造函数和析构函数

C#中有两个特殊的函数,分别是构造函数和析构函数。

构造函数是在运用类来创建对象时第一个被自动执行的方法成员,而且仅执行一次,它通常用于对成员变量进行初始化。

析构函数则是在对象被撤销(从内存中消除)时执行,也仅执行一次,通常用于对象被销毁前的"扫尾"工作。

1. 构造函数

在 C#中,当创建一个对象时,系统首先为这个对象赋予一个标识符,然后给对象分配合适的内存空间,最后系统自动调用对象的构造函数。构造函数不能被其他成员显式调用,只能在创建对象时由系统自动调用。

定义构造函数的语法格式如下:

```
public 类名([参数列表])
{
    //构造函数体
}
```

说明:

1)构造函数的类型修饰符一般是 public,因为构造函数主要是在类外创建对象时自动调用。

2)构造函数没有返回值,不允许有任何返回类型。

3)构造函数的名称必须与类名相同。

4)构造函数可以带参数,也可以不带参数。

5)构造函数不能被继承,可以被重载。

【例 6.12】构造函数不带参数示例。

程序代码如下:

```
namespace Ex6_12
{
    class MyClass
    {
        public int x;
        public MyClass()   //类 MyClass 的构造函数
        {
            x=10;
```

```
        }
    }
    class ConsDemo
    {   public static void Main()
        {
            MyClass t1=new MyClass();
            MyClass t2=new MyClass();
            Console.WriteLine("{0}\t{1}",t1.x, t2.x);
        }
    }
}
```

【例6.13】构造函数带参数示例。

程序代码如下:

```
namespace Ex6_13
{
    class Fruit
    {   public string color;
        public  string shape;
        public Fruit(string c,string s)         //类 Fruit 的构造函数
        {   color=c;
            shape=s;
        }
    }
    class Test
    {   public static void Main()
        {   Fruit Orange=new Fruit("orange","round");
            //创建 Orange 实例
            Console.WriteLine("{0},{1}",Orange.color, Orange. shape);
        }
    }
}
```

构造函数也可以重载。创建对象时具体要调用哪个构造函数由构造函数的参数来决定。

【例6.14】构造函数重载示例。定义多个构造函数(重载),并分别调用它们创建对象。

程序代码如下:

```
namespace Ex6_14
```

```
    {
        class A
        {
            public int count;
            public A()
            {
                count=-1;
            }
            public A(int n)
            {
                count=n;
            }
        }
        class Test
        {
            static void Main()
            {
                A a=new A();
                Console.WriteLine("count={0}", a.count);
                A b=new A(5);
                Console.WriteLine("count={0}", b.count);
            }
        }
    }
```

C#中的 this 关键字用于代表对象自身。this 一般用在构造函数中，以便区别同名的构造函数参数和类成员变量。

【例 6.15】 使用 this 关键字示例。

程序代码如下：

```
    namespace Ex6_15
    {
        class Point
        {
            public int x, y;
            public Point(int x, int y)
            {
                this.x=x;
                this.y=y;
            }
        }
```

```csharp
class Test
{
    static void Main()
    {
        Point p = new Point(5, 6);
        Console.WriteLine("x={0}", p.x);
        Console.WriteLine("y={0}", p.y);
    }
}
```

在定义类时，如果没有显式定义构造函数，则实例化对象时会自动调用默认的构造函数。一旦定义了构造函数，则默认构造函数不会被调用。默认构造函数是不带参数的构造函数，作用是将对象成员的初始值设置为默认值，如数值类型变量初始化为 0，字符串类型类变量被初始化为 null（空值），字符类型变量被初始化为空格等。

【例6.16】使用默认构造函数示例。

下面的代码定义了类 B1，其中并没有显式定义构造函数。

```csharp
namespace Ex6_16
{
    class B1
    {
        int x;
        string s;
        char c;
        public void outmembers()    //方法outmembers用于输出各变量的初始值
        {
            Console.WriteLine("x = {0}, s = x{1}x, c = x{2}x", x, s, c);
        }
    }
    class Test
    {
        static void Main()
        {
            B1 b1=new B1();              //调用默认构造函数创建对象b1
            b1.outmembers();
        }
    }
}
```

2. 析构函数

析构函数也是类的特殊的成员函数，它主要用于释放类实例，在对象被撤销（从内存中消除）时被执行。

定义析构函数的语法格式如下：

```
~类名()
{
    //析构函数体
}
```

说明：

1）析构函数的名称与类名相同，但需要在前面加一个"~"符号。
2）析构函数不能带参数，也没有返回值。
3）当撤销对象时，自动调用析构函数。
4）析构函数不能被继承，也不能被重载。
5）一个类中至多有一个析构函数，如果没有定义析构函数，则系统会在撤销对象时自动调用默认析构函数。

【例6.17】定义和调用析构函数示例。

程序代码如下：

```
namespace Ex6_17
{
    class Decon1
    {
        public Decon1()
        {   Console.WriteLine("调用构造函数 Decon1");    }
        ~Decon1()
        {   Console.WriteLine("调用析构函数 Decon1");    }
    }
    class Decon2
    {
        public Decon2()
        {   Console.WriteLine("调用构造函数 Decon2");    }
        ~Decon2()
        { Console.WriteLine("调用析构函数 Decon2"); }
    }
    class Test
    {
        public static void Main()
```

```
        {
            Decon1  dec1=new Decon1();
            Decon2  dec2=new Decon2();
        }
    }
}
```

运行结果如下：

调用构造函数 Decon1
调用构造函数 Decon2
调用析构函数 Decon2
调用析构函数 Decon1

6.4 访 问 控 制

在类的语法中，类有成员变量和成员方法，成员变量用来保存对象的数据，成员方法用来操作数据。有的成员可以被其他代码访问和修改，有的则不允许，这需要对成员进行封装，限制类成员的访问权限，保证对象的数据不被随意访问和修改。通过在类的成员前冠以修饰符可以实现访问控制，常用的修饰符有 private、public 等。以下对类和类的成员都可以使用的访问修饰符进行说明。

1）public：用该修饰符修饰的成员称为公有成员。公有成员允许该类和其他类中的所有成员访问。

2）private：用该修饰符修饰的成员称为私有成员。私有成员只能被该类中的其他成员访问，其他类（包括派生类）中的成员是不允许直接访问的。C#中 private 是默认的修饰符。

3）protected：用该修饰符修饰的成员称为保护成员。保护成员可以被该类和其派生类中的成员访问，而其他类中的成员则不允许访问。

4）internal：用该修饰符修饰的成员称为内部成员。内部成员只能被程序集内的类的成员访问，而程序集外的类（包括派生类）的成员是不允许访问的。如果省略类的访问修饰符，默认为 internal。

5）protected internal：用该修饰符修饰的成员只能被程序集内的类的成员及这些类的派生类中的成员访问。

程序集是作为一个单元进行版本控制和部署的一个或多个文件的集合，它是.NET Framework 编程的基本组成部分。可以简单地理解为，程序集就是.NET 项目在编译后生成的.exe（可执行文件）或.dll 文件（中间代码文件）。针对一个.exe 或.dll 文件，其他.exe 或.dll 文件中的类和成员就是程序集外的类和成员。

【例 6.18】 各类访问修饰符的应用实例。

程序代码如下：

```
namespace Ex6_18
{
    class cup                          //第一个类 cup
    {
        public int height;             //公有成员
        internal int style;            //internal 类型成员
        protected int weight;          //保护类型成员
        private int color;             //私有类型成员
        public void Func1()            //类的成员函数,可以访问本类的所有成员
        {
            color=4;
            weight=5;
            height=1;
            style=2;                   //四种访问都是合法的
        }
    }
    class MainClass                    //第二个类 MainClass
    {
        static void Main()
        {
            cup c1=new cup();          //创建了 cup 类的对象 c1
            //在类的外部访问类的成员
            //类的公有成员可以被外部程序直接访问
            Console.WriteLine(c1.height);
            //类的私有成员不可以被外部程序访问,此处编译错误
            //Console.WriteLine(c1.color);
            //Console.WriteLine(c1.weight);    //同上
            //internal 类型成员可以被同一个包内的应用程序访问
            Console.WriteLine(c1.style);
        }
    }
}
```

6.5　static 关键字

类的成员还可以分为静态成员和非静态成员。静态成员是在声明成员时前面加上

static 关键字，非静态成员是在声明成员时前面没有 static 关键字。

静态成员隶属于类，只有一个版本，所有对象都共享这个版本；非静态成员隶属于对象，不同的对象（同一个类实例化）有不同的非静态成员，因此有多个版本。

从内存管理的角度看，静态成员在一个共享的内存空间中定义，所有对象都可以访问这个空间中的同一个静态成员；而非静态成员在对象被创建时形成自己的存储空间（这个空间是对象所拥有空间的一部分），这样不同的对象将形成不同的非静态成员（虽然它们的类型都一样）。

从访问的方式看，静态成员不需要（也不能）实例化，只要定义了类以后就可以通过类名来访问它；而非静态成员则需要在创建对象以后通过对象名来访问。

声明静态成员用修饰符 static 来完成。例如：

```
private static int y;                //静态成员变量
public static void f(int x) {}       //静态成员方法
```

静态成员的访问格式如下：

```
类名.静态成员名
```

6.5.1 静态变量与非静态变量

在类的成员变量定义中，加 static 关键字修饰的变量称为静态变量，也称为类变量。静态变量属于类本身，在该类的所有实例中共享，通过"类名.静态变量名"来访问该静态变量。在某个实例对象中对静态变量值进行修改时，将同时影响其他实例对象中的静态变量值。

如果没有加 static 关键字，则该变量称为非静态变量，也称为实例变量。非静态变量属于具体的实例（即对象），通过"对象名.变量名"访问。在某个实例对象中对非静态变量值进行修改时，不会影响其他实例对象中的非静态变量值。

【例 6.19】静态变量示例。

程序代码如下：

```
namespace Ex6_19
{
    class MyClass
    {
        public static int x=10;          //定义静态变量 x
        public MyClass(int i)            //通过构造函数为静态变量 x 赋值
        {
            x=i;
        }
        public int GetX()                //获取静态变量 x 的值
```

```
        {
            return x;
        }
    }
    class Program
    {
        private static void Main(string[] args)
        {
            MyClass my1, my2;
            Console.WriteLine("类静态变量值为{0}", MyClass.x);
            my1=new MyClass(20);
            Console.WriteLine("my1 静态变量值为{0}", my1.GetX());
            Console.WriteLine("类静态变量值为{0}", MyClass.x);
            my2=new MyClass(30);
            Console.WriteLine("my1 静态变量值为{0}", my1.GetX());
            Console.WriteLine("my2 静态变量值为{0}", my2.GetX());
            Console.WriteLine("类静态变量值为{0}", MyClass.x);
        }
    }
}
```

运行结果如下：

```
类静态变量值为 10
my1 静态变量值为 20
类静态变量值为 20
my1 静态变量值为 30
my2 静态变量值为 30
类静态变量值为 30
```

6.5.2 静态方法和非静态方法的区别

类的成员类型有静态和非静态两种，因此方法也有静态方法和非静态方法两种。使用 static 修饰符的方法称为静态方法，也称为类方法；没有使用 static 修饰符的方法称为非静态方法，也称为实例方法。

当用类创建对象后，类中的非静态方法才分配入口地址，非静态方法从而可以被类创建的任何对象调用执行。对于类中的静态方法，在该类被加载到内存时，就分配了相应的入口地址。

静态方法和非静态方法的区别：静态方法属于类所有，通过"类名.方法名"调用；非静态方法属于用该类定义的对象所有，通过"对象名.方法名"调用。

【例 6.20】 使用静态方法和非静态方法示例。

程序代码如下：

```
namespace Ex6_20
{
    class myClass
    {
        public int a;
        static public int b;
        void Fun1()            //定义一个非静态方法
        {
            a=10;              //正确,直接访问非静态成员
            b=20;              //正确,直接访问静态成员
        }
        static void Fun2()     //定义一个静态成员方法
        {
            //a=10;            //错误,不能访问非静态成员
            b=20;              //正确,可以访问静态成员,相当于myClass.b=20
        }
    }
    class Test
    {
        static void Main()
        {
            myClass A=new myClass();
            A.a=10;              //正确,访问类myClass的非静态公有成员变量
            //A.b=10;             //错误,不能直接访问类中静态公有成员
            //myClass.a=20;       //错误,不能通过类访问类中非静态公有成员
            myClass.b=20;        //正确,可以通过类访问类myClass中的静态公有成员
        }
    }
}
```

注意：在静态方法中，只能访问静态成员，不能访问非静态成员。

6.6 C#的常用类

在程序开发过程中，经常需要用到很多基础的功能，如使用数学函数、求随机数、字符串处理等。C#已经将这些功能实现并形成类集，当需要使用这些功能时，可以直接

调用这些类。C#的类库十分丰富,封装了大量的常用功能。本节简要介绍类库中常用的几个类及其相关方法。

6.6.1 Math 类与 Random 类

1. Math 类

Math 类是一个静态类,为数值计算提供了一些实现常用数学函数的静态成员和方法,包括绝对值、三角函数、对数函数等。这些方法都是静态的,因此不需要实例化,可以直接调用。

例如:计算 $\sqrt{3}$ 的值,可用下列语句实现。

```
double f=Math.Sqrt(3);
```

Math 类中常用的静态方法有以下几种。

1)Math.Abs(double):计算绝对值。
2)Math.Ceil(double):将数字向上舍入为最接近的整数。
3)Math.Round(double):将数字四舍五入为最接近的整数。
4)Math.Floor(double):将数字向下舍入为最接近的整数。
5)Math.Sin(double):计算正弦值。
6)Math.Cos(double):计算余弦值。
7)Math.Exp(double):计算指数值。
8)Math.Pow(double):计算 x 的 y 次方。
9)Math.Sqrt(double):计算平方根。
10)Math.Log(double):计算自然对数。
11)Math.Max(double,double):返回两个数中较大的一个。
12)Math.Min(double, double):返回两个数中较小的一个。

2. Random 类

Random 类用于产生伪随机数,它能产生满足某些随机性统计要求的数字序列。其主要包括以下方法:

1)Next():返回非负随机数。
2)Next(int):返回一个小于所指定最大值的非负随机数。
3)Next(int,int):返回一个指定范围内的随机数。
4)NextDouble():返回一个介于 0.0 和 1.0 之间的随机数。

Random 类是产生随机数的类,需要创建对象后使用。它的构造函数有两种:一个是 new Random(),另一个是 new Random(Int32)。前者是根据触发那一刻的系统时间为种子,来产生一个随机数字;后者可以自己设定触发的种子。

例如：

```
Random rd=new Random(0);        //创建随机对象rd,随机种子为0
r1=rd.next(10,100);             //生成[10,100]的随机整数
```

6.6.2 字符串类

String 类提供了专门处理字符串的方法，它直接从 Object 类派生。String 类是常用的字符串操作类，提供了绝大部分的字符串操作功能，使用方便。例如，ToLower 方法可以用于将字符串中的大写字符变成小写字符。对于下列代码：

```
string s="HELLO";
s=s.ToLower();
```

运行后，字符串 s 将变为"hello"。

String 类有许多方法用于 string 对象的操作。下面列出一些常用的方法。

1）public bool Contains (string value)：返回一个表示指定 string 对象是否出现在字符串中的值。

2）public bool EndsWith (string value)：判断 string 对象的结尾是否匹配指定的字符串。

3）public bool Equals (string value)：判断当前的 string 对象是否与指定的 string 对象具有相同的值。

4）public static bool Equals (string a, string b)：判断两个指定的 string 对象是否具有相同的值。

5）public int IndexOf (string value)：返回指定字符串在该实例中第一次出现的索引，索引从 0 开始。

6）public int IndexOf (string value, int startIndex)：返回指定字符串从该实例中指定字符位置开始搜索第一次出现的索引，索引从 0 开始。

7）public string Insert (int startIndex,s tring value)：返回一个新的字符串，其中，指定的字符串被插入在当前 string 对象的指定索引位置。

8）public int LastIndexOf (string value)：返回指定字符串在当前 string 对象中最后一次出现的索引位置，索引从 0 开始。

9）public bool StartsWith (string value)：判断字符串实例的开头是否匹配指定的字符串。

10）public string ToLower()：把字符串转换为小写并返回。

11）public string ToUpper()：把字符串转换为大写并返回。

12）public string Trim()：移除当前 String 对象中的所有前导空白字符和后置空白字符。

例如：

```
string st="MicrosoftVisualStudio2012";
Console.WriteLine("st 包含 Visual 吗:{0}", st.Contains("Visual"));
Console.WriteLine("st 是以 2012 结尾的吗:{0}", st.EndsWith("2012"));
Console.WriteLine("stk 中 Visual 出现的位置是:{0}", st.IndexOf("Visual"));
```

运行代码，得到以下输出结果：

```
st 包含 Visual 吗:True
st 是以 2012 结尾的吗:True
stk 中 Visual 出现的位置是:9
```

6.6.3 异常类

1. 异常的概念

C#中用 Exception 类表示在应用程序执行期间发生的错误。此类是所有异常的基类。当发生错误时，系统或当前正在执行的应用程序通过引发包含关于该错误的信息的异常来报告错误。异常发生后，将由该应用程序或默认异常处理程序进行处理。

程序在运行过程（而非编译过程）中产生的错误称为异常。编译过程中的错误可以通过代码调试来避免，而异常一般是不能避免的（只能是减少），如试图打开一个根本不存在的文件等。异常处理将会改变程序的控制流程，使程序有机会对错误做出处理。

C#提供了强有力的异常处理能力，为程序的健壮性和稳定性奠定了基础。

2. 异常的处理

C#提供了一种异常处理模型，该模型基于对象形式的异常表示形式，并且将程序代码和异常处理代码分开处理。在代码中对异常进行处理，一般要使用 3 种代码块：

1）try 块的代码是程序中可能出现错误的操作部分。

2）catch 块的代码用来处理各种错误的部分（可以有多个）。必须正确排列捕获异常的 catch 子句，范围小的 Exception 放在前面的 catch。即如果 Exception 之间存在继承关系，就应把子类的 Exception 放在前面的 catch 子句中。

3）finally 块的代码用来清理资源或执行要在 try 块末尾执行的其他操作（可以省略）。无论是否产生异常，finally 块都会执行。

在处理异常的时候，应该将可处理的具体异常分别在 catch 块中做出相应处理，否则程序将终止运行。针对每一种异常，应以不同方式处理，避免对所有异常做出相同的处理。同时在异常产生时，给用户一个友好的提示（普通用户不明白异常的具体内容，这就需要给出相关的简要信息和解决方案，或者联系管理员等），并在可能的情况下给用户提供可能的选择（终止、重试、忽略），使用户来决定程序的运行方向。

try-catch 结构的语法格式如下:

```
try
{
    //可能产生异常的代码
}
catch [(异常类 对象名)]
{
    //处理异常的代码
}
```

说明:

1) 一旦在 try 块中有某一条语句执行时产生异常, 程序就立即转向执行 catch 块中的代码, 而不会再执行该语句后面的其他语句。当然, 如果 try 块中的语句都不产生异常, 那么就不会有任何的 catch 块被执行。

2) "(异常类 对象名)"部分可以省略。如果省略这部分, 则无论在 try 块中产生何种异常, 程序都会转向执行 catch 块中的代码, 但在这种情况下无法获取此异常的任何信息。

3) "异常类"用于决定要捕获的异常的类型, 不同的异常类能捕获和处理不同的异常。

异常类很多, 以下列出部分常用的异常类。

① Exception: 所有异常对象的基类。
② IndexOutOfRangeException: 当一个数组的下标超出范围时, 运行时引发。
③ NullReferenceException: 当一个空对象被引用时, 运行时引发。
④ DivideByZeroException: 除零异常。
⑤ FormatException: 参数格式错误。
⑥ OutOfMemoryException: 内存空间不够。

【例 6.21】创建程序, 捕获可能产生的异常, 并进行相应的处理。

程序关键代码如下:

```
static void Main(string[] args)
{
    int n, m;
    string s=Console.ReadLine();
    n=0;
    try
    {
        m=Convert.ToInt16(s);  //产生异常的语句
        Console.WriteLine("m={0}", m);
```

```
        }
        catch(Exception e)              //捕获异常
        {
            Console.WriteLine("产生异常:{0}", e.Message);        //处理异常
        }
        Console.ReadKey();
    }
```

程序运行后，在命令行下输入"123ab4"，程序在试图将"123ab4"转换为整数时产生异常，产生该异常时自动转向 catch 块执行异常处理。

注意：try 块中的 Console.WriteLine("m = {0}", m);语句不会被执行。

当可能出现多个不同的异常时，需要用到带多个 catch 块的 try…catch…catch 结构。

【例 6.22】 多个异常的捕获和处理。

在下面的程序代码中，try 结构包含的两条语句在执行时都产生异常，分别为 DivideByZeroException 异常和 OutOfMemoryException 异常。这两个异常分别由两个 catch 结构来捕获和处理。

程序关键代码如下：

```
    static void Main(string[] args)
    {
        int n, m;
        n=30000;
        m=30000;
        try
        {
            n=1/(n-m);
            int[,] a=new int[n, n];
        }
        catch(OutOfMemoryException e1)
        {
            Console.WriteLine("内存溢出异常：{0}", e1.Message);
        }
        catch(DivideByZeroException e2)
        {
            Console.WriteLine("零除异常：{0}", e2.Message);
        }
    }
```

由于 DivideByZeroException 异常先发生，故转向执行第二个 catch 块，第一个 catch 块没有执行。

在有多个 catch 块的情况下，需要考虑其在代码中出现的顺序。有以下两种情况：

1）catch 后面的异常类之间没有继承关系（如 DivideByZeroException 和 System.OutOfMemoryException），这时 catch 块的位置不分先后，即在前、在后不影响程序的运行结果。例如，例 6.22 中的 catch 结构就属于这种情况。

2）catch 后面的异常类之间存在继承关系（如 DivideByZeroException 类继承了 ArithmeticException 类，所有异常类都继承了 Exception 类），这时派生类所在的 catch 块必须放在基类所在的 catch 块的前面，即作用范围小的 catch 块放在前面，作用范围大的 catch 块放在后面。

例如，下面代码中的两个 catch 块的顺序是不能颠倒的，否则无法通过编译检查。

```
int n=1, m=1;
try
{
    n=1/(n-m);
}
catch(DivideByZeroException e)    //派生类所在的catch块(作用范围小)
{
    Console.WriteLine("产生异常:{0}", e.Message);
}
catch(ArithmeticException ee)     //基类所在的catch块(作用范围大)
{
    Console.WriteLine("产生异常:{0}", ee.Message);
}
```

由于 Exception 类是所有其他异常类的基类，因此 Exception 类所在的 catch 块必须是最后面的 catch 块，它可以捕获任意类型的异常。

如果不想具体区分是哪一种类型的异常，也不想利用 Exception 派生类更强大、更具针对性的处理能力，可以利用 Exception 类"笼统"地捕获所有的异常，而不会出现遗漏。

程序在运行过程中，一旦出现异常会立即转向执行相应 catch 块中的语句，执行完后接着执行 try…catch 结构后面的语句。这意味着在出现异常时程序并不是按照既定的顺序执行，而是跳转执行。

为维持系统的有效性和稳定性，必须保证有相应的代码能够"弥补"被跨越代码的工作，主要是完成必要的清理工作（如关闭文件、释放内存等）。这种保证机制可以由包含 finally 的 try…catch…finally 结构来实现。

try…catch…finally 结构的格式如下：

```
try
{
```

```
    //可能产生异常的代码
}
catch[(异常类 对象名)]
{
    //处理异常的代码
}
finally
{
    //完成清理工作的代码
}
```

说明：

1）根据需要，可以在这种结构中包含一个或多个 catch 块。

2）不论在 try 块中是否产生异常，finally 块中的代码都会被执行，即不论 catch 块是否被执行，finally 块都会被执行。即使是在执行 catch 块中遇到 return 语句，也会执行 finally 块中的语句。

例如：

```
int n=1, m=1;
try
{
    n=1/(n-m);
}
catch (Exception e)
{
    Console.WriteLine("产生异常:{0}", e.Message);
    return;
    Console.WriteLine("紧跟在 return 后面…");
}
finally
{
    Console.WriteLine("finally 块…");
}
Console.WriteLine("try-catch-finally 结构后面的部分…");
```

可以看到，虽然 catch 块包含了一条 return 语句，且执行该 return 语句时也会立即结束当前函数的执行，但在结束之前仍然会执行 finally 块。这说明，只要程序进入 try…catch…finally 结构，就会执行 finally 块。

程序员也可以根据需要自定义异常类，此处不再展开阐述。

6.7 继承与接口

6.7.1 继承的概念

继承（inheritance）是自动地共享基类中所有非私有的方法和数据的机制。它允许在既有类的基础上创建新类，新类从既有类中继承类成员，而且可以重新定义或添加新的成员，从而形成类的层次或等级。继承具有传递性。利用继承，可以先编写一个共有属性的一般类，根据该一般类再编写具有特殊属性的新类。新类继承一般类的状态和行为，并根据需要增加自己的新的状态和行为。一般称被继承的类为基类或父类，而继承后产生的类为派生类或子类。

继承是面向对象技术能够提高软件开发效率的重要原因之一。类之间继承关系的存在，对于在实际系统的开发中迅速建立原型，提高系统的可重用性和可扩充性，具有十分重要的意义。

6.7.2 继承的实现

在类声明中，通过在类名的后面加上冒号和基类名表示继承。定义派生类的语法格式如下：

```
class 派生类名 : 基类名        //定义派生类
{
    成员;
}
```

说明：

1）派生类可以继承基类中的保护成员和公有成员，但不能继承私有成员。被继承后，成员的性质并没有发生改变。例如：

```
class A
{
    private int x=1;        //私有成员
    protected int y=2;      //保护成员
    public int z=3;         //公有成员
}
class B : A
{
    //B中有两个成员:保护成员 y 和公有成员 z
}
```

以上代码中，A 是基类，B 是派生类。B 类中虽然没有显式声明任何成员，但它继承了 A 中的保护成员 y 和公有成员 z。

2）如果在派生类中定义了与基类成员同名的新成员，则需要用关键字 base 实现对基类中同名成员的访问。

例如，如果将派生类 B 改写如下：

```
private class B : A
{
    int y=200;                //与基类中的保护成员 y 同名
    public void test()
    {
        y=201;                //访问派生类中的保护成员 y
        base.y=20;            //访问基类中的保护成员 y
        Console.WriteLine("基类中的 y={0},派生类中的 y={1}", base.y, y);
    }
}
```

注意：在 B 类中定义了成员 y，从而对外隐藏了基类中的成员 y，在编译时会产生一个警告。如果要消除这个警告，需要在派生类中使用修饰符 new 来显式定义该成员，说明这个成员是全新的，与基类成员没有关系，仅是同名而已。例如：

```
new protected int y=200;
```

在实际的软件开发时，通常不在派生类中定义一个与基类成员同名的成员变量。

3）类的继承可以传递，即允许 A 派生 B、B 派生 C 等；一个类可以派生多个派生类，但一个类最多只能有一个基类。在 C#中，Object 类是所有类的基类。

4）构造函数和析构函数不能被继承。

5）如果基类中定义了一个或者多个带参数的构造函数，则派生类中也必须至少定义一个构造函数，且派生类中的构造函数都必须通过 base()函数调用基类中的某一个构造函数。

例如：

```
class C
{
    private int x;
    private int y;
    public C(int x) { this.x=x; }
    public C(int x, int y) { this.x=x; this.y=y; }
}
private class D : C
{
    private int z;
```

```
        public D(int z) : base(z) { this.z=z;}
        public D(int x, int y, int z) : base(x,y) { this.z=z; }
        public D() {}//此构造函数是错误的,因为它缺少base()函数
}
```

该例中,基类 C 中定义了两个构造函数,派生类 D 中也定义了两个构造函数,且它们中的 base()函数分别调用了基类 C 中的第一和第二个构造函数。

如果 D 类不显式定义任何构造函数,或者定义的构造函数不调用基类 C 中的任何构造函数,都将出现编译错误。

用子类创建对象时,不仅子类中声明的成员变量被分配了内存,而且父类的成员变量也都分配了内存空间,但只将其中一部分(子类继承的那部分)作为分配给子类对象的变量。

6.7.3 base 关键字

base 关键字用于从派生类中访问基类的成员,它有两种基本用法:

1)指定创建派生类实例时应调用的基类构造函数,通过调用基类的构造函数完成对基类成员的初始化工作。

2)在派生类中访问基类成员。

【例 6.23】编程实现职工工资计算的功能。工资根据职工工作年限与职称有相应调整,调整要求:基本工资为 1000,按工作年限每年增长 15%,职称为工程师的职工工资再增加 50%。

程序代码如下:

```
namespace Ex6_23
{
    class Employee
    {
        private double bsalary=1000;
        double psalary;
        public int n;
        public double Esalary()
        {
            Console.Write("请输入该员工进公司的年数:");
            n=int.Parse(Console.ReadLine());
            psalary=bsalary*(Math.Pow((1+0.15), (n-1)));
            return psalary;
        }
    }
    class DEmp : Employee
```

```
        {
            new public double Esalary()
            {
                Console.WriteLine("职称为工程师的员工工资");
                return 1.5 * base.Esalary();
            }
        }
        class Test
        {
            static void Main()
            {
                DEmp dz = new DEmp();
                Console.WriteLine("该员工的实际工资为:{0}", dz.Esalary());
            }
        }
    }
```

运行程序，根据提示输入年数 5，输出以下结果：

职称为工程师的员工工资
请输入该员工进公司的年数：5
该员工的实际工资为：2623.509375

6.7.4 多态性

在面向对象的程序设计语言中，多态性（polymorphism）是第三个基本特征（前两个是封装和继承）。多态性是指同一个成员方法在不同的调用环境中能完成不同的功能。

C#中的多态可以分为两种，一种是编译时的多态，这种多态的特点是在编译时就能确定要调用成员方法的版本，也称早绑定。这种多态通常是通过方法的重载来实现的。另一种是运行时的多态，这种多态的特点是在程序运行时才能确定要调用成员方法的版本，而不是在编译阶段，也称晚绑定。这种多态通常是通过重写（覆盖）方法来实现的。

基于方法重载的多态已经在 6.3.3 节进行了介绍，通过重写方法实现多态性的形式主要有以下 3 种。

(1) 通过继承实现多态性

多个类可以继承自同一个类，每个扩充类又可根据需要重写基类成员，以提供不同的功能。

(2) 通过抽象类实现多态性

抽象类本身不能被实例化，只能在扩充类中通过继承使用。抽象类的部分或全部成员不一定都能实现，但是要在继承类中全部实现，抽象类中已实现的成员仍可以被重写，并且派生类仍可以实现其他功能。

(3) 通过接口实现多态性

接口仅声明类需要实现的方法、属性和事件,以及每个成员需要接收和返回的参数类型,而这些成员的特定实现留给实现类去完成。多个类可实现相同的接口,而单个类可实现一个或多个接口。

如果希望基类中某个方法能够在派生类中进一步得到改进,可以把这个方法定义为虚方法。当方法声明中包含 virtual 修饰符时,方法就被称为虚方法。虚方法定义中不能包含 static、abstract 或 override 修饰符。

虚方法的定义格式如下:

```
virtual 方法名([参数列表])
{
    语句序列
}
```

当没有 virtual 修饰符时,方法被称为非虚方法。非虚方法的执行是不变的,不论方法在从它声明的类的实例中还是在派生类中的实例中被调用,执行都是相同的。相反,虚方法的执行可以被派生类改变,具体实现是在派生类中重新定义此虚方法。重新定义虚方法时,要求方法名称、返回值类型、参数表中的参数个数、类型顺序都必须与基类中的虚方法完全一致,而且要在方法声明中加上 override 关键字,不能有 new、static 或 virtual 修饰符。

在派生类中需要重写(覆盖)此虚方法的语法格式如下:

```
override 方法名([参数列表])
{
    语句序列
}
```

基类中的虚方法和派生类中重写方法的方法名和参数列表必须完全一致。

【例 6.24】使用继承和虚方法,编程求圆的面积和圆柱体的表面积。

分析:本例要求通过继承和虚方法重写来实现多态性。定义一个基类 Shape,由该基类派生出子类 Circle 和子类 Cylinder。这两个子类根据题目需求重写基类成员,分别实现求圆面积和圆柱体表面积的功能。

程序代码如下:

```
namespace Ex6_24
{
    class Shape        //基类 Shape
    {
        public Shape()
```

```
    { }
    public virtual double getArea()
    //定义一个虚方法 getArea(),由 Shape 的派生类实现该方法
    {
        return 0;
    }
}
class Circle : Shape       //定义 Shape 的子类 Circle
{   //定义了 3 个字段
    private int x;
    private int y;
    private int radius;
    //定义了 3 个构造函数
    public Circle()
    {
        setAll(0, 0, 0);
    }
    public Circle(int xPoint, int yPoint)
    {
        setAll(xPoint, yPoint,0);

    }
    public Circle(int xPoint, int yPoint, int radiusValue)
    {
        setAll(xPoint, yPoint, radiusValue);
    }
    //定义属性
    public int X
    {
        get
        {
            return x;
        }
        set
        {
            x=value;
        }
    }
    public int Y
    {
```

```csharp
        get
        {
            return y;
        }
        set
        {
            y=value;
        }
    }
    public int Radius
    {
        get
        {
            return radius;
        }
        set
        {
            if(value>=0)
                radius=value;
            else
                radius=0;
        }
    }
    public void setAll(int xPoint, int yPoint, int radiusValue)
    {
        X=xPoint;
        Y=yPoint;
        Radius=radiusValue;
    }
    public override double getArea()
    //重写基类的虚方法getArea(),求圆的面积
    {
        return Math.PI*Radius*Radius;
    }
}
class Cylinder : Circle       //定义Circle的子类Cylinder
{   //定义字段
    private int height;
    //构造函数
    public Cylinder()
```

```
        {  }
        public Cylinder(int xPoint, int yPoint, int radiusValue, int
                heightValue): base(xPoint, yPoint, radiusValue)
        {
            Height=heightValue;
        }
        //定义属性
        public int Height
        {
            get
            {
                return height;
            }
            set
            {
                if(value>=0)
                    height=value;
            }
        }
        //重写基类的虚方法 getArea(),求圆柱体的表面积
        public override double getArea()
        {
            double area;
            area=2*base.getArea()+2*Math.PI*Radius*Height;
            return area;
        }
    }
    class Program
    {
        static void Main(string[] args)
        {
            Circle circle=new Circle(0, 0, 2);
            Cylinder cylinder=new Cylinder(0, 0, 2, 10);
            //定义数组,其类型为 Shape 类
            Shape [] arrShape=new Shape [2];
            arrShape [0]=circle ;
            arrShape [1]=cylinder;
            //多态的体现
            Console .WriteLine ("圆的面积是:{0}",arrShape [0].getArea () );
```

```
            Console.WriteLine("圆柱体的表面积是:{0}", arrShape[1].
                                        getArea());
        }
    }
}
```

运行结果如下:

圆的面积是:12.5663706143592
圆柱体的表面积是:150.79644737231

6.7.5 抽象类

如果希望一个类专用于作为基类来派生其他类，则可以考虑把这个类定义成抽象类。抽象类不能被实例化，它是派生类的基础。抽象类用于创建模板，以派生其他类。定义抽象类需要使用 abstract 关键字。定义抽象类的语法格式如下：

```
[访问修饰符] abstract class 类名
{
    代码
}
```

abstract 类的特点如下：
1) abstract 类中可以有 abstract() 方法（抽象方法），也可以有非 abstract() 方法。
2) abstract 类不能用 new 运算创建该类的对象。

抽象类包含零个或多个抽象方法，也可以包含零个或多个非抽象方法。定义抽象方法的目的在于指定派生类必须实现这一方法的功能（就是为方法添加代码）。抽象方法只在派生类中才真正实现，定义抽象方法使用 abstract 关键字，只指明方法的返回值类型、方法名称及参数，而不需要实现。一个类只要有一个抽象方法，该类就必须定义为抽象类。

【例 6.25】 抽象类示例。
程序代码如下：

```
namespace Ex6_25
{
    abstract class Person
    {
        public string name;
        public int age;
        public Person(string nm, int ag)
        {
```

```
        name=nm;
        age=ag;
    }
    public abstract void Speak();   //抽象方法,没有代码实现
}
class Student : Person
{
    public int stuid;
    public Student(int id,string nm,int ag):base(nm, ag)
    { stuid=id; }
    public override void Speak()
    {
        Console.WriteLine("你好,我是{0},是一名学生,今年{1}岁。",
                          this.name,this.age);
    }
}
class Teacher : Person
{
    public int teachid;
    public Teacher(int id, string nm, int ag):base(nm, ag)
    { teachid=id; }
    public override void Speak()
    {
        Console.WriteLine("你好,我是{0},是一名教师,今年{1}岁。",
                          this.name, this.age);
    }
}
class Program
{
    static void Main(string[] args)
    {
        Teacher tc1=new Teacher(101,"李明",35);
        Student st1=new Student(201, "赵敏", 19);
        tc1.Speak();
        st1.Speak();
    }
}
```

运行结果如下:

你好,我是李明,是一名教师,今年35岁。
你好,我是赵敏,是一名学生,今年19岁。

abstract 类只关心操作,而不关心这些操作具体实现的细节,可以使程序的设计者把主要精力放在程序的设计上,而不必拘泥于细节的实现上。

6.7.6 接口

接口是类和类之间的协议,使用接口可以实现接口的类或结构在形式上保持一致,使程序更加清晰和条理化,具有很好的扩展性,并可以方便地实现类与类之间的统一管理,是组件技术的重要支撑。

接口类似抽象类,但是接口比抽象类更"抽象"。抽象类主要用作其他类的基类,而接口主要用来定义一些必须实现的功能,却并没有实现这些功能,这些功能是由实现接口的类或结构来实现的。

接口可以从零个或多个接口继承,一个类可继承一个或多个接口。通过这个特点可以实现子类的多重继承。接口的定义和类的定义很相似,需要使用关键字 interface 来定义一个接口。

接口声明的格式如下:

```
接口修饰符 interface 接口名
{
    接口成员
}
```

说明:

1)接口修饰符可以是 new、public、protected、internal、private。
2)接口成员前面不允许有修饰符,默认为公有成员。
3)接口成员可以分为4类:方法、属性、事件和索引器,而不能包含成员变量。
4)不能在声明接口的同时编写接口成员的实现代码。

以下代码定义了一个接口:

```
public interface ImyList
{
    void Add (string s);            //方法
    int Count { get;}               //属性
}
```

接口的声明仅仅给出了抽象方法,相当于程序开发早期的一组协议,所有实现接口的类或结构都必须遵守这组协议。接口中只能包含方法、属性、索引指示器和事件成员(即在接口中只能包含方法,而不能包含变量),并不能为它所定义的方法提供实现方式,这些方法仅仅是一个声明,所有实现接口的类或结构必须要实现接口中定义的这些方法。即接口定义了一组功能，但具体地实现接口所规定的功能，则需某个类为接口中的抽象方法定义实在的方法体（即语句），称为实现这个接口。接口可以通过类或结构来实现，其实现方法都是类似的。用类来实现接口时，接口的名称必须包含在类声明中的基类列表中。

用类实现接口的语法格式如下：

```
class 类名 : [基类名], 接口名1, 接口名2, …
{
    类成员
}
```

接口要通过继承才能实现，即定义继承接口的类，并在类中实现所有的接口成员。以下是一个简单的接口声明及其实现的示例：

```
interface I
{
    void f(int x);
}
class A : I
{
    public void f(int x)
    {
    }
}
```

以上代码先声明了接口 I，然后定义类 A，该类继承了接口 I，在 A 中实现了 I 中定义的方法。

注意：定义的类必须提供被继承接口中所有成员的实现，否则将产生编译错误。

例如，下面的代码声明了接口 I1 和 I2，接口 I1 包含了 4 种类型的成员。

```
interface I1
{
    void f(int x);                              //方法
    int Att { get; set; }                       //属性(可读、可写)
    event EventHandler OnDraw;                  //事件
    string this[int index] { get; set; }        //索引器
}
interface I2
{
    void g();
}
```

在类 A 中实现这两个接口中的成员：

```csharp
public class A : I1, I2
{
    private string[] strs=new string[100];
    public void g() {}                          //实现接口 I2 中的方法
    public void f(int x)
    {
        x=x*2;
        Console.WriteLine(x);
    }//实现接口 I1 中的方法
    public event EventHandler OnDraw        //实现接口中的事件
    {
        add {}
        remove {}
    }
    public int Att                          //实现接口 I1 中的属性
    {   get {  return 1;  }
        set {}
    }
    public string this[int index]           //实现接口 I1 中的索引器
    {
        get {  if(index<0||index>=100) return ""; return strs[index]; }
        set {  if(!(index<0||index>=100)) strs[index]=value; }
    }
}
```

利用代码中的 f(int x) 方法，可以实现下列的访问：

```csharp
A a=new A();
a.f();
```

实现代码中，除了 f(int x) 方法和索引器的实现代码具有具体功能外，其他的都是空代码，可以根据实际需要扩展或填补。但在语法上这些代码是完整的，是可以运行的。

【例 6.26】接口的声明、实现及调用示例。

程序代码如下：

```csharp
namespace Ex6_26
{
```

```csharp
interface IFoo
{
    void IFExecute();
}
interface IBar
{
    void IBExecute();
}
public class Tester:IFoo, IBar
{
    public void IFExecute()
    {
        Console.WriteLine("IFoo.IFExecute implementation");
    }
    public void IBExecute()
    {
        Console.WriteLine("IBar.IBExecute implementation");
    }
}
class Program
{
    static void Main(string[] args)
    {
        Tester tester=new Tester();
        IFoo iFoo=(IFoo)tester;
        iFoo.IFExecute();
        IBar iBar=(IBar)tester;
        iBar.IBExecute();
    }
}
```

运行结果如下:

```
IFoo.IFExecute implementation
IBar.IBExecute implementation
```

6.8 命名空间

在C#中,系统提供了命名空间(namespace)来组织程序。命名空间既可以作为程序的内部组织系统,又可以作为程序的外部组织系统。当作为外部组织系统时,命名空间中的元素可以为其他程序所用。

命名空间的应用减少了由于成员名的重名而带来的麻烦。程序员只需保证自己编写的命名空间中代码的有效性,而不必考虑其他命名空间中成员的命名问题,这就使程序员能够将更多精力集中在其应该关注的问题上,从而提高项目开发的效率。

6.8.1 命名空间的声明

C#程序使用命名空间来组织它所包含和使用的各种类型,在命名空间中可以包含类型(类、结构、接口和委托等)声明及嵌套的命名空间声明。实际上,每个C#程序都以某种方式使用命名空间。

命名空间的声明由关键词namespace来实现,格式如下:

```
namespace 命名空间名
{    //命名空间体;
}
```

说明:

1)命名空间名可以是任意合法的标识符。

2)命名空间成员通常是类,但也可以是结构、接口、枚举、委托等,还可以是其他的命名空间,即命名空间可以嵌套定义。

3)在同一个命名空间中,命名空间成员不能重名,但在不同的命名空间中,命名空间成员可以重名。

4)命名空间都隐含为public类型,不能在声明时显式指定任何修饰符。

命名空间示例:

```
namespace N1
{
    namespace N2
    {
        class ClassA {…}
        class ClassB {…}
    }
}
```

此时命名空间N2作为外层命名空间N1的一个成员,在语义上它与下面的代码相同:

```
namespace N1.N2
{
    class ClassA {…}
    class ClassB {…}
}
```

命名空间是开放的,也就是说命名空间是可以合并的。以上命名空间中的两个类可以分开定义:

```
namespace N1.N2
{   class ClassA {…} }
namespace N1.N2
{   class ClassB {…} }
```

6.8.2 命名空间的使用

如在程序中引用 6.8.1 节中定义的命名空间中的 ClassA 中的成员方法 fA(),可以使用以下形式:

```
N1.N2.ClassA.fA()
```

但如果在程序中需要经常引用这个命名空间中的成员,每次使用都得完整指定命名空间名会很不方便。C#使用指令来解决这个问题,指令有两种使用方式:一种是别名使用指令,可以定义一个命名空间或类型的别名;另一种是命名空间使用指令,可以引入一个命名空间的类型成员。

1. 别名使用指令

C#中可以使用别名使用指令,为命名空间或类型定义别名,此后的程序语句就可以使用这个别名来代替定义的这个命名空间或类型。

语法格式:

```
using  别名=命名空间名;
```

别名的使用如以下代码所示:

```
namespace MyCompany.FirstNamespace          //定义命名空间
{
    class ClassA {…}
}
namespace SecondNamespace
{
    using N1=MyCompany.FirstNamespace          //定义别名
```

```
        using CA=MyCompany.FirstNamespace.ClassA
        class ClassB:N1.ClassA   {…}          //使用别名
        class ClassC:CA  {…}
    }
```

2. 命名空间使用指令

使用 using 语句可以把一个命名空间中的类型导入包含该 using 语句的命名空间中，这样，就可以直接使用命名空间中的类型的名称。

使用 using 导入命名空间的格式如下：

```
using 命名空间；
```

注意：这种方式的命令必须放在所有其他声明之前。

例如，对于已定义的命名空间：

```
namespace np1
{
    namespace np2
    {
        namespace np3
        {
            class A {}
            class B {}
            class C {}
        }
    }
}
```

在命名空间 test 中导入命名空间 np3：

```
namespace test
{
    using np1.np2.np3;
    class Program
    {
        static void Main(string[] args)
        {
            A a=new A();
            B b=new B();
            C c=new C();
        }
```

        }
    }

按照习惯，命名空间导入语句通常写在文件的开头处，与其他导入语句放在一起。例如：

```
using System;
using System.Collections.Generic;
using System.Linq;
using System.Text;
using np1.np2.np3;
```

使用 using 语句导入的命名空间的作用范围与别名的作用范围一样，都仅限于包含它的编译单元或命名空间的声明体部分（即花括号内的部分）。

习　题

1．编写一个控制台应用程序，按如下要求定义一个学生成绩类，然后利用该类创建对象。

1）类名：Sco。

2）3 个数据成员：sno，字符串类型，学号；chinese，整数类型，语文；maths，整数类型，数学。

3）两个方法成员：ave()用于求平均分，ShowInfo()显示单科成绩和平均成绩。

要求先定义上述类，并在主方法中分别创建两个学生的成绩实例，自行对各数据分量赋值，然后显示信息。

2．定义一个 Calculator 类，实现两个数的四则运算。

类成员如下：

1）私有 double 字段成员 a 和 b。

2）构造函数 Calculator(double i, double j)给字段成员赋值。

3）公有方法成员 double add();double substract();double multiply();double divide()实现两个数的加、减、乘、除运算。

在 main()函数中定义 Calculator 类对象，并调用相应的方法实现加、减、乘、除运算。

3．编写一个控制台应用程序，通过一个方法实现两个实参的交换。

4．编写一个控制台应用程序，通过在同一个类中定义 3 个同名的方法 area()，分别计算圆、矩形、三角形的面积。

要点：重载方法的方法名相同，但是参数的个数或参数类型不能都相同。

5．创建控制台应用程序。编写机动车类 jidongche，要求如下：

1）私有字段：车牌号（number）、车速（speed）。

2）声明一个有参数的构造函数 public jidongche (string number,int speed)。

3）方法：public void addSpeed (int sp)，实现加速。如果车速大于等于 120km/h，将车速设为 120km/h。

4）方法：public void downSpeed(int sd)，实现减速。如果车速小于等于 0，将车速设为 0。

5）方法：public void Display ()，输出车牌号和车速信息。

Main()方法中创建一个 jidongche 类的对象 jidongche jdc1=new jidongche("粤A N008",80)，并调用对象的方法实现加速 50km 和减速 40km，最后调用 Display()方法输出信息。

第7章 Windows 应用程序开发基础

Windows 应用程序是含有用户交互界面的应用程序，Windows 编程也特指这类具有交互界面的可视化的编程。窗体和控件是开发 Windows 应用程序的基础，控件是构造 Windows 应用程序界面的基本元素。合理使用各种不同的控件，熟练地掌握各个控件的常用属性、方法和事件，是进行 Windows 应用程序设计的基础，同时也直接影响应用程序界面的美观性和用户操作的方便性。

本章主要介绍一些常用控件的属性、方法、事件及其在 Windows 应用程序设计中的具体应用。

7.1 Windows 应用程序概述

7.1.1 Windows 应用程序开发

Windows 应用程序通常包含一个窗体或者一个父窗体和几个子窗体，两种情况分别称为单文档界面和多文档界面，具体会在 7.4 节介绍。窗体中可以包含各种控件，如按钮、文本框、列表框等，还可以定制菜单、工具栏及对话框等。

与创建控制台项目类似，建立 Windows 应用程序，选择"文件"→"新建"→"项目"命令，弹出"新建项目"对话框，在左侧列表框中选择"Visual C#"选项，在中间列表框中选择"Windows 窗体应用程序"选项，为项目设置保存位置与名称后，单击"确定"按钮即可进入 Windows 窗体应用程序开发界面，如图 7-1 所示。

Windows 窗体应用程序开发界面包含工具箱、设计区域、解决方案资源管理器、属性窗口等。

组成 Windows 窗体的各个控件均来自于工具箱，为方便使用，工具箱中的工具分为公共控件、容器、菜单和工具栏、数据、组件、打印、对话框等类别，"所有 Windows 窗体"中包含了所有控件。

中间部分的窗体为设计区域，可以在设计区域内设计窗体及其控件的外观。右侧为解决方案资源管理器、属性窗口等。解决方案资源管理器显示了项目中所有的文件。属性窗口显示某窗体或控件的属性。选中窗体或控件后，属性窗口显示其属性。

新创建的 Windows 应用程序项目默认创建了一个窗体 Form1，解决方案资源管理器中显示为"Form1.cs"，Form1.cs 文件用来存放用户代码。其下有 Form1.Designer.cs 和 Form1，这两个文件通常处于隐藏状态，单击 Form1.cs 文件前的空心三角，即可在列表中看到。Form1 文件用于定义程序集的属性信息；Form1.Designer.cs 文件中放置的是负责窗体外观的代码，事件的声明也放在该文件中，它由设计器自动生成和维护，一般无须对其进行更改。Form1.Designer.cs 文件和 Form1.cs 文件共同定义了类 Form1，即新建的第一个窗体。Program.cs 文件和控制台应用程序的 Program.cs 结构类似，是程序的主入口。

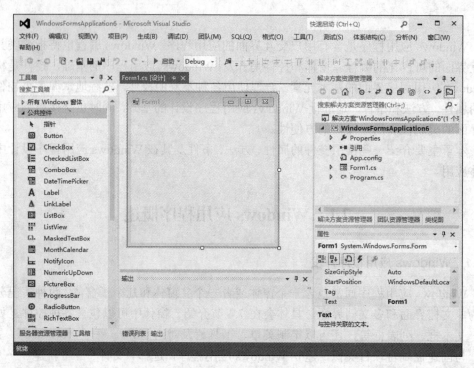

图 7-1 Windows 窗体应用程序开发界面

创建窗体后，可以在窗体上放置控件。单击左侧工具栏中的"Button"控件按钮，然后在窗体的适当位置进行绘制即可添加一个"button1"按钮。单击"button1"按钮，可以在右侧属性窗口中设置按钮控件的属性。例如，按钮控件的 Text 属性的默认值为 button1，将默认值修改为"我是按钮"。这时在设计界面中按钮上的文字就会变成"我是按钮"，如图 7-2 所示。

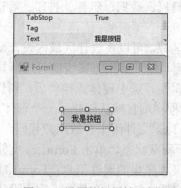

图 7-2 设置按钮属性示例

如果这时运行程序,单击按钮没有任何反应。这是因为还没有为按钮的单击事件编写事件处理代码。

在一个项目中可创建多个窗体,添加新窗体的方法如下:

1)选择"项目"→"添加 Windows 窗体"命令,弹出"添加新项"对话框,如图 7-3 所示。

图 7-3 "添加新项"对话框

2)在"添加新项"对话框的中间列表框中选择"Windows 窗体"选项,单击"添加"按钮,就添加了一个新 Windows 窗体。添加第 2 个窗体的默认名称为 Form2,以此类推。

7.1.2 事件处理机制

编写图形用户界面(graphical user interface,GUI)软件的开发人员应熟练掌握事件处理编程。当用户与 GUI 控制交互时,作为对事件的反应,GUI 会执行一个或多个相关事件处理方法。即使没有用户参与,事件也可能执行。

在 GUI 程序设计过程中,对控件的事件处理是必不可少的。用户与程序界面进行的所有操作都是通过一个或多个控件的若干事件来完成的。如果需要控件在某个事件被触发的情况下做出响应,就必须对该事件的处理方法编写功能代码。通常,事件处理的功能代码会写在一个方法中,而该方法通过委托与事件相关联。

双击窗体上的按钮控件,自动进入代码编写窗口,这时系统会自动建立一个方法,这样就可以为一个按钮控件的 Click 事件编写简单处理语句。

```
private void button1_Click(object sender,EventArgs e)
{
}
```

可以在该方法中添加功能语句。例如，this.Close();语句的功能是关闭当前窗体。运行程序后单击该按钮就可以关闭窗体。

那么，该方法是如何与 Click 相关联的呢？双击右侧解决方案资源管理器中的 Form1.Disigner.cs 文件，代码编辑窗口中会显示很多代码，其中灰色的"Windows 窗体设计器生成的代码"部分是隐藏的，双击该部分，会显示其中隐藏的代码。代码包括一个在窗体 Form1 类的构造方法中必需的 initializeComponent()方法。每个控件的创建和属性的设置等代码都在这个方法中完成。在这个方法中有一段关于按钮的功能代码，代码如下：

```
// button1
this.button1.Location=new System.Drawing.Point(72, 56);
this.button1.Name="button1";
this.button1.Size=new System.Drawing.Size(77, 27);
this.button1.TabIndex=0;
this.button1.Text="我是按钮";
this.button1.UseVisualStyleBackColor=true;
this.button1.Click+=new System.EventHandler(this.button1_Click);
```

这段代码设置了按钮的名称、位置和大小等属性，而最后一条语句为按钮 button1 的 Click 事件的委托定义。在委托定义中，EventHandler()方法的参数指定为 button1_Click()方法，这是对该方法的一个委托。因此，当需要对该事件进行处理时，就需要调用委托所关联的方法 button1_Click()来完成操作。在 Windows 窗体应用程序开发中，所有的控件事件都是以这种委托的方式进行处理的。

7.1.3 窗体

窗体（form）是 Windows 应用程序的基本单位，是一小块屏幕区域。它是用户设计程序外观的操作界面，在该界面中，可以放置各种窗体控件。用户可以在窗体上通过一些简单的操作（如单击）引发事件处理过程，从而实现程序功能。

1. 窗体的属性

打开 Form1 的设计界面，单击窗体，在右侧的属性窗口中，列出了窗体的属性。窗体的属性较多，有布局、窗口样式、行为、焦点、可访问性、设计、数据和外观等，其设置方法都比较简单。可以尝试改变窗体的每个属性，观察窗体的变化。

无论是查看属性还是查看事件，首先必须选中窗体，即在窗体设计界面中单击窗体，这样，显示的属性和事件才是窗体的属性和事件。

以下介绍窗体的一些常用属性。

(1) 窗体的名称属性

设置窗体名称的属性是 Name，该属性值主要用于在程序代码中引用窗体。在初始新建一个 Windows 应用程序项目时，自动创建一个窗体，该窗体的名称默认为 Form1；添加第 2 个窗体，其名称默认为 Form2，以此类推。

(2) 窗体的标题属性

Text 属性用于设置窗体标题栏显示的内容，它的值是一个字符串。

(3) 窗体的控制菜单属性

1) ControlBox 属性：用于设置窗体上是否有控制菜单。

2) MaximizeBox 属性：用于设置窗体上的最大化按钮。

3) MinimizeBox 属性：用于设置窗体上的最小化按钮。

(4) 影响窗体外观的属性

1) FormBorderStyle 属性：用于控制窗体边界的类型，包含以下 7 个可选值，如表 7-1 所示。

表 7-1　FormBorderStyle 属性的可选值

可选项	说明
None	无边框
FixedSingle	固定的单行边框
Fixed3D	固定的三维样式边框
FixedDialog	固定的对话框样式的粗边框
Sizable	可调整大小的边框
FixedToolWindow	不可调整大小的工具窗口边框
SizableToolWindow	可调整大小的工具窗口边框

2) Size 属性：用于设置窗体的大小。

3) Location 属性：用于设置窗体在屏幕上的位置，即窗体左上角的坐标值。

4) BackColor 属性：用于设置窗体的背景颜色，可以从弹出的调色板中选择。

5) BackgroundImage 属性：用于设置窗体的背景图像。

6) Opacity 属性：用于设置窗体的透明度，其值为 100%时，窗体完全不透明；其值为 0%时，窗体完全透明。

2. 窗体的事件

窗体响应的事件比较多，以下为窗体的常用事件。

1) 加载（Load）事件：窗体加载时发生，即第一次显示窗体时。当第一次直接或间接调用 Form.Show()方法来显示窗体时，窗体就会进行且只进行一次加载，并且在必需的加载操作完成后会引发 Load 事件。通常在 Load 事件响应函数中执行一些初始化操作。

2) 单击（Click）事件：单击窗体时，将会触发 Click 事件。

3）双击（DoubleClick）事件：双击窗体时发生。

窗体 Click 事件的添加步骤如下：

1）单击窗体设计界面中的窗体，在右侧的属性窗口顶部单击"事件"按钮 ≠，打开事件列表，如图 7-4 所示。

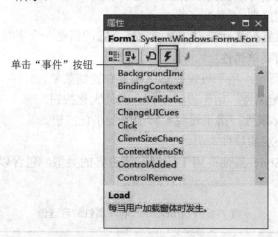

图 7-4 事件添加示例

2）找到 Click 并双击，将自动转至 Form1 的代码界面，同时添加如下方法代码：

```
private void Form1_Click(object sender, EventArgs e)
{
}
```

说明：

1）方法名称为 Form1_Click()，方法将在单击窗体时执行，也称事件的触发。

2）方法的参数 sender 是触发事件的事件源，此处就是 Form1 对象。

3）方法的参数 e 是触发时的事件参数，此处的 e 将包含单击的位置、单击的按键等参数信息。

下列代码用于显示这两个参数的相关信息：

```
private void button1_Click(object sender, EventArgs e)
{
    Button bt=(Button)sender;
    textBox1.Text=bt.Text;
    Type ty=e.GetType();
    textBox2.Text=ty.ToString();
}
```

程序运行后，单击命令按钮，两个文本框 textBox1 和 textBox2 将分别显示"button1"和"System.Windows.Forms.MouseEventArgs"。

在 Form1.Designer.cs 文件中有如下一行代码：

```
this.Click+=new System.EventHandler(this.Form1_Click);
```

此行代码的功能是，通过事件委托，为窗体的单击事件绑定 Form1_Click()方法。这也是 Windows 编程中所有事件触发的方式，这些都由设计器自动完成，不需要程序员编写。

【例 7.1】创建一个 Windows 应用程序，要求：窗体加载时，窗体的背景颜色是黄色；单击窗体，窗体的背景颜色变为红色，同时将窗体的标题改为"我的第一个 Windows 应用程序"。

程序关键代码如下：

```
private void Form1_Load(object sender, EventArgs e)
{
    this.BackColor=Color.Yellow;
}
private void Form1_Click(object sender, EventArgs e)
{
    this.BackColor=Color.Red;
    this.Text="我的第一个Windows应用程序";
}
```

7.2 控 件 概 述

窗体就像一个容器，其他界面元素都可以放置在窗体中。一般来说，用户设计的窗体都是类 Form 的派生类，用户窗体中添加其他界面元素的操作实际上就是向派生类中添加私有成员。这些控件对象都以形象的图标形式出现在工具箱中，以便于编程时使用。工具箱中包含了建立应用程序的各种控件，每种控件都有自己的属性、事件和方法，可以完成一种特定的任务。Windows 窗体控件分为多个类别，常用的放在"公共控件"选项下。

7.2.1 控件的添加与删除

向窗体中添加控件可以通过以下方法进行。

（1）绘制特定大小的控件

在工具箱中单击所要添加的控件，然后在窗体中按住鼠标左键并向右下方拖动，释放鼠标左键，就会绘制出特定大小的控件。

（2）单击添加默认大小的控件

1）在工具箱中单击所要添加的控件，然后回到窗体中，此时鼠标指针会变成十字状,且十字的右下方会显示控件的图标,在窗体中单击,就会添加出默认大小的控件。

2)按住鼠标左键拖动工具箱中的控件到窗体中相应位置,释放鼠标左键,会添加一个默认大小的控件。

3)在工具箱中的控件上双击,会迅速地在窗体上添加一个默认大小的控件。

在窗体中删除控件可以通过以下方法进行:

1)选中控件,然后按【Delete】键即可删除控件。

2)通过右击控件弹出的快捷菜单删除控件。

7.2.2 控件的基本属性、事件和方法

由于所有 Windows 窗体控件都是从 System.Windows.Forms.Control 类继承而来的,所以,所有的 Windows 窗体控件都具有一些共性。掌握这些共性是快速入门 Windows 编程的捷径。

作为各种窗体控件的基类,Control 类实现了所有窗体交互控件的基本功能,如处理用户键盘输入、处理消息驱动、限制控件大小等。Control 类的属性、方法和事件是所有窗体控件所公有的,而且其中很多是在编程中经常遇到的。下面列举一些多数控件都有的公共属性、方法和事件,在介绍常用控件时,将不再重复介绍。

1. Control 类的属性

属性定义了控件可以呈现的视觉效果等其他设置。

(1)Name 属性

Name 属性代表控件的名称,在应用程序中,可通过此属性来引用这个控件。创建控件时,新对象的默认名称由控件对象类型加上一个唯一的整数组成。例如,第 1 个新的标签是 label1,第 2 个为 label2,以此类推。在应用程序设计中,可根据需要将控件的默认名称改成更有实际意义的名称。

(2)Text 属性

在 C#中,每一个控件对象都有 Text 属性。Text 属性在很多控件中都有重要的意义和作用。例如,在标签控件中显示的文字、用户在文本框中输入的文字、组合框和窗体中的标题等都是用控件的 Text 属性进行设置的。新建一个控件时,Text 属性和 Name 属性的默认值相同,但两者是完全不同的属性。

(3)尺寸大小和位置属性

尺寸大小(Size)和位置(Location)属性决定控件的尺寸大小和坐标位置。

(4)Visible 属性

Visible 属性用于设置在运行期间控件是否可见,即是否显示在窗体上,只有 True 和 False 两个属性值。可以利用该属性使程序界面在运行时具有动态效果。

(5)Enabled 属性

Enabled 属性表示窗体或控件是否能够响应外部事件。只有 True 和 False 两个属性值。

第 7 章　Windows 应用程序开发基础

（6）ForeColor 属性

ForeColor 属性用于设置前景色，即文字或线条的颜色。控件的前景色可通过两种方式设置：一是使用内置的颜色名称，如 Color.Blue（蓝色）等；二是使用 Color.FormArgb（Red,Green,Blue）函数将三原色合成为所需要的颜色。其中，3 个参数分别表示红、绿、蓝 3 种原色的分量，每个参数值的范围为 0～255。例如，将文本框 A 的前景色设置为蓝色，可使用下列语句：

　　A.ForeColor=Color.Blue;

或

　　A.ForeColor= Color.FormArgb(0, 0, 255);

（7）BackColor 属性

BackColor 属性用于设置控件的背景颜色。其设置过程和 ForeColor 属性的设置过程相同。

（8）Font 对象属性

Font 对象用于设置控件中显示文本的格式，包括文本的字体、字体大小、是否为粗体、是否为斜体、是否带删除线、是否有下划线等。

在属性窗口设置时，单击属性 Font 行，再单击"…"按钮，在弹出的"字体"对话框中选择所需的文本格式即可，如图 7-5 所示。

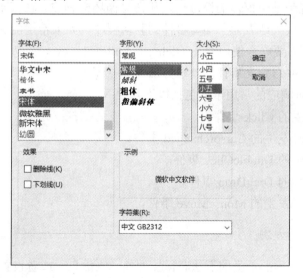

图 7-5　"字体"对话框

在代码中设置文本格式时，需要创建 Font 类的对象，通过为 Font 类构造函数传入特定的参数来实现所需的文本格式。

Font 类常用的构造函数有以下两种。

1）Font(字体名称,字号)。例如，设置命令按钮控件 button1 中显示文本的字体为黑体，字号为 18 号，代码如下：

```
button1.Font=new Font("黑体",18);
```

2）Font(字体名称,字号,字体风格)。例如，修改命令按钮控件字体为斜体，代码如下：

```
button1.Font=new Font(button1.Font.FontFamily,button1.Font.Size,button1.Font.Style | FontStyle.Italic);
```

例如，修改命令按钮控件字体不为斜体，代码如下：

```
button1.Font=new Font(button1.Font.FontFamily,button1.Font.Size,button1.Font.Style &~ FontStyle.Italic);
```

代码中的 FontStyle.Italic 表示斜体。另外，粗体、正常字体、删除线和下划线分别用 FontStyle.Bold、FontStyle.Regular、FontStyle.Strikeout 和 FontStyle.Underline 表示。

2. Control 类的事件

当用户进行某一项操作时，会引发某个事件的发生，此时就会调用预先编写的事件处理程序代码，实现对程序的控制。

事件驱动实现是基于窗体的消息传递和消息循环机制的。在 C#中，所有的机制都被封装在控件中，极大地方便了编写事件的驱动程序。如果希望能够更加深入地操作，或自定义事件，就需要联合使用委托（delegate）和事件（event），从而可以灵活地添加、修改事件的响应，并自定义事件的处理方法。

Control 类的可响应的常用事件包括以下几种：

1）单击时发生的 Click 事件。
2）光标改变时发生的 Cursorchanged 事件。
3）双击时发生的 DoubleClick 事件。
4）拖动时发生的 DragDrop 事件。
5）鼠标移动时发生的 MouseMove 事件。

3. Control 类的方法

可以通过调用 Control 类的方法获得控件的一些信息，或者设置控件的属性值及行为状态。

Control 类的常用方法包括以下几种：

1）Focus()方法：可设置此控件获得的焦点。
2）Select()方法：可激活控件。

3）Show()方法：可显示控件。

4）Hide()方法：可隐藏控件。

7.3 常用控件

本节将介绍一些常用控件的使用方法。

7.3.1 标签

标签（Label）控件主要用来显示文本。通常用标签来为其他控件显示说明信息、窗体的提示信息，或者显示处理结果等信息。但是，标签显示的文本不能被直接编辑。

标签控件的常用属性如下：

1）Text 属性：用于设置标签显示的内容，Text 属性可包含许多个字符。

2）Autosize 属性：用于设置标签是否自动调整尺寸，以适应其显示的内容。此属性的系统默认值为 false。

3）Borderstyle 属性：用于设置标签的边框形式，有 3 个可选值，None 为无边框（默认），FixedSingle 为固定单边框，Fixed3D 为三维边框。

标签控件常用的事件：Click 事件和 DoubleClick 事件。DoubleClick 事件较少为标签编写事件处理程序。

【例 7.2】标签控件的应用。

在窗体上建立一个标签，标签 label1 的 Text 属性设置为"预约挂号系统"；窗体的 Text 属性设置为"标签示例"。程序界面设计如图 7-6 所示。

编写程序，当单击窗体时，标签内显示"预约挂号成功"。

程序关键代码如下：

```
private void Form1_Click(object sender, EventArgs e)
{
    label1.Text="预约挂号成功";
}
```

执行程序，单击窗体无字区域，得到的界面如图 7-7 所示。

图 7-6　标签示例设计界面　　　图 7-7　标签示例运行结果

7.3.2 文本框

文本框（TextBox）经常用于获取用户输入的文本或显示程序以文本方式输出的结果，可以用于简单的文本编辑操作。应用程序在运行时，如果单击文本框，则光标在文本框中闪烁，此时可以向文本框输入信息。

文本框的常用属性如下：

1) Text 属性：应用程序运行时，在文本框中显示的输出信息或通过键盘输入的信息，都保存在 Text 属性中，其类型为 string。默认情况下，Text 属性可以保存最大长度为 2048 个字符。该属性可读可写，如：

```
textBox1.Text="中华人民共和国!";
string s=textBox1.Text;
```

2) MaxLength 属性：用于设置文本框中最多可容纳的字符数。

3) MultiLine 属性：用于设置文本框中是否允许显示和输入多行文本。Multiline 为布尔类型属性。当其取值为 false（默认值）时，表示只能输入一行字符；当其取值为 true 时，表示允许输入多行字符。例如，下列代码将在 textBox1 中输出两行字符：

```
textBox1.Text+="aaaaaaa\r\n";        // "\r\n"表示换行
textBox1.Text+="ccc";
```

4) ReadOnly 属性：用于设置程序运行时，能否对文本框中的文本进行编辑。当 ReadOnly 属性值为 true 时，文本框中的字符只能读（如可复制等），而不能进行写操作（如修改、删除等）。ReadOnly 属性的默认值为 false，这时文本框可读可写。

5) ScrollBars 属性：用于设置文本框中是否带有滚动条，有 4 个可选值：None，没有滚动条；Horizontal，只有水平方向上有滚动条；Vertical，只有垂直方向上有滚动条；Both，垂直方向上和水平方向上都有滚动条。

6) PasswordChar 属性：用于设置显示文本框中的替代符。当 PasswordChar 属性值设置为"*"，在用该文本框输入字符时，显示的都是"*"（显示星号）；也可以将 PasswordChar 属性值设置为其他字符，那么在输入时就显示相应的字符。该属性的默认值为空，这时输入的字符被原样显示。

7) SelectedText 属性：该属性值返回文本框中已被选中的文本。

8) SelectionLength 属性：该属性值返回文本框中已被选中的文本的长度，即 SelectedText 的长度。

9) SelectionStart 属性：该属性值返回文本框中已被选中的文本的开始位置，如果没有文本被选中，则返回紧跟在当前光标后面的字符的位置。

10) Lines 属性：当 Multiline 属性为 true 时，文本框中允许编辑多行字符。利用文本框的 Lines 属性则可以实现逐行访问。Lines 属性值的类型为字符串数组——string[ ]。

例如，可以用下列语句将文本框 textBox1 中的数据逐行读出：

```
string[] lines=textBox1.Lines;
for(int i=0; i<lines.Length; i++)
{
    //处理第 i+1 行数据 lines[i]
}
```

文本框的常用方法如下：

1）SelectAll()方法：用于选中文本框中所有的文本。

2）Select(int start, int length)方法：用于选中文本框中从索引为 start 的字符开始一共 length 字符的文本。

3）Undo()方法：用于撤销上一次的操作。

4）Copy()方法：用于将文本框中被选中的字符复制到剪贴板中。

5）Paste()方法：用于将剪贴板中的内容替换到文本框中被选中的内容。

6）Cut()方法：用于将文本框中被选中的字符剪切到剪贴板中。

【例 7.3】文本框方法示例。

程序界面要求如图 7-8 所示。

图 7-8　文本框方法示例

程序功能要求：在文本框 textBox1 中选定内容后，顺序单击"复制"按钮和"粘贴"按钮后，选定的内容被复制到文本框 textBox2。顺序单击"剪切"按钮和"粘贴"按钮后，选定的内容被移动到文本框 textBox2 中。

程序关键代码如下：

```
private void button1_Click(object sender, EventArgs e)
{
    textBox1.Copy();
}
private void button2_Click(object sender, EventArgs e)
```

```
        {
            textBox2.Paste();
        }
        private void button3_Click(object sender, EventArgs e)
        {
            textBox1.Cut();
        }
```

文本框响应的常用事件如下：

1）TextChanged 事件：当文本框的文本内容发生变化时，触发该事件，从而调用相应的事件处理函数。当向文本框输入信息时，每输入一个字符，就会引发一次 TextChanged 事件。

2）LostFocus 事件：当文本框失去焦点时，就会引发该事件。

3）ModifiedChanged 事件：当 Modified 属性值发生变动时，该事件发生。

【例 7.4】 在窗体上创建 3 个文本框，文本框初始内容为空。当程序运行时，若在第一个文本框中输入一行文字，会在另两个文本框中同时显示相同的内容，但显示的字体和字号不同。

程序关键代码如下：

```
        private void textBox1_TextChanged(object sender, EventArgs e)
        {
            textBox2.Font=new Font("黑体", 16);
            textBox3.Font=new Font("宋体", 20);
            textBox2.Text=textBox1.Text;
            textBox3.Text=textBox1.Text;
        }
```

执行程序，在 textBox1 中输出"医疗信息系统"，得到的界面如图 7-9 所示。

图 7-9 文本框事件示例

7.3.3 命令按钮

命令按钮（Button）控件是最常用的控件，大多数窗体应用程序中涉及它。它允许用户通过单击操作来执行某些代码。单击一个按钮相当于执行一个相应的函数，该函数就是单击 Button 按钮时产生的 Click 事件的事件处理函数。

命令按钮的常用属性如下：

1）Text 属性：用于设置命令按钮上显示的文本。

2）FlatStyle 属性：用于指定命令按钮的外观风格，有 4 个可选值：Flat、Popup、System、Standard。

3）Image 属性：用于设置在命令按钮上显示的图形。

4）ImageAlign 属性：当图片显示在命令按钮上时，可以通过 ImageAlign 属性调节其在命令按钮上的位置。利用此属性在属性窗口中调节非常方便。

5）AcceptButton 属性：将按钮设置为"接受"按钮，使用户可以通过按【Enter】键来触发按钮的 Click 事件。

6）CancelButton 属性：将按钮设置为"取消"按钮，使用户可以通过按【Esc】键来触发按钮的 Click 事件。

命令按钮响应的事件主要是 Click 事件。

【例 7.5】命令按钮示例。

程序功能要求：输入两个数，并可用命令按钮选择执行加、减、乘、除运算。

1）在窗体上创建 2 个文本框用于输入数值，1 个文本框用于显示运算结果，2 个标签分别用于显示运算符和等号，5 个命令按钮分别用于执行加、减、乘、除运算和结束程序运行。

2）设置窗体和各控件的属性，textBox3 的 ReadOnly 属性设置为 true，使 textBox3 的内容不能手动修改，如图 7-10 所示。

程序关键代码如下：

```
Single a;
private void button1_Click(object sender, EventArgs e)
{
    label1.Text="+";
    a=Convert.ToSingle(textBox1.Text)+Convert.ToSingle(textBox2.Text);
    textBox3.Text=a.ToString();
}
private void button2_Click(object sender, EventArgs e)
{
    label1.Text="-";
    a=Convert.ToSingle(textBox1.Text)-Convert.ToSingle(textBox2.Text);
    textBox3.Text=a.ToString();
```

```
}
private void button3_Click(object sender, EventArgs e)
{
    label1.Text="*";
    a=Convert.ToSingle(textBox1.Text)*Convert.ToSingle(textBox2.Text);
    textBox3.Text=a.ToString();
}
private void button4_Click(object sender, EventArgs e)
{
    if(Convert.ToSingle(textBox2.Text)==0)
    {
        MessageBox.Show("除数不能为零!");
        //弹出消息框提示"除数不能为零!"
    }
    else
    {
        label1.Text="/";
        a=Convert.ToSingle(textBox1.Text)/Convert.ToSingle
          (textBox2.Text);
    }
    textBox3.Text=a.ToString();
}
private void button5_Click(object sender, EventArgs e)
{
    this.Close();
}
```

程序运行后，在 textBox1 输入 3，在 textBox2 输入 8，单击"乘"按钮，label1 显示为"*"号，textBox3 的值为 24，如图 7-11 所示。

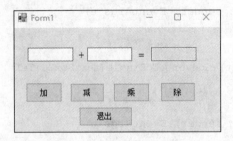
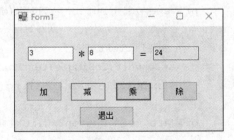

图 7-10　命令按钮示例设计界面　　图 7-11　命令按钮示例运行结果

7.3.4 单选按钮

在实际的应用程序执行中，常常需要用户做出相应选择。C#提供了几个用于实现选择的控件，包括单选按钮、复选框、列表框、复选列表框和组合框。

单选按钮（RadioButton）控件为用户提供由两个或多个互斥选项组成的选项集，用户只能从中选择一个选项，实现单项选择。当用户选中某单选按钮时，同一组中的其他单选按钮不能同时选定，该控件以圆圈内加一黑点的方式表示选中。

单选按钮用来让用户在一组相关的选项中选择一项，因此单选按钮控件总是成组出现的。若要添加不同的组，必须将它们放到面板或分组框中。

单选按钮的常用属性如下：

1) Text 属性：用于设置单选按钮旁边的说明文字，以说明单选按钮的用途。

2) Checked 属性：当该值为 true 时处于选中状态；当该值为 false 时处于未选中状态。

3) Value 属性：表明选项是否被选中。Value 值为 true 表示单选按钮被选中；Value 值为 false 表示单选按钮未被选中（为默认设置）。

单选按钮的常用事件如下：

1) CheckedChanged 事件：当单选按钮的状态发生改变（Checked 属性值由 true 变为 false，或由 false 变为 true）时，CheckedChanged 事件被触发，紧接着执行 Checked Changed() 方法。因此，希望在单选按钮的状态发生改变时完成一些操作，相应代码应该在该方法中编写：

```
private void radioButton1_CheckedChanged(object sender, EventArgs e)
{
    //事件处理代码
}
```

2) Click 事件：与 CheckedChanged 事件相同。Click 事件是单选按钮控件最基本的事件，一般情况下用户无须为单选按钮编写 Click 事件过程。当用户单击单选按钮时，该单选按钮选项被选中，同时同组中其他单选按钮自动处于未被选中状态。

【例 7.6】单选按钮示例。

在窗体上建立 5 个控件：1 个标签 label1，1 个文本框，3 个单选按钮 radioButton1、radioButton2 和 radioButton3。程序界面设计如图 7-12 所示。

程序功能要求：用单选按钮控制在文本框中显示不同职称医生的挂号费。

程序关键代码如下：

```
private void radioButton1_CheckedChanged(object sender, EventArgs e)
{
    if(radioButton1.Checked==true)
```

```
        textBox1.Text="10";
}
private void radioButton2_CheckedChanged(object sender, EventArgs e)
{
    if(radioButton2.Checked==true)
        textBox1.Text="8";
}
private void radioButton3_CheckedChanged(object sender, EventArgs e)
{
    if(radioButton3.Checked==true)
        textBox1.Text="4";
}
```

执行程序，选中"副主任医生"单选按钮，得到的界面如图 7-13 所示。

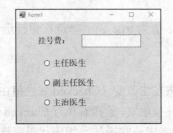

图 7-12 单选按钮示例设计界面　　图 7-13 单选按钮示例运行结果

7.3.5 复选框

复选框（CheckBox）控件与单选按钮一样，也给用户提供一组选项供其选择。但与单选按钮不同的是，每个复选框都是一个单独的选项，被选中项目左侧方框中会出现√，用户既可以选择它，也可以不选择它，不存在互斥的问题，可以同时选择多项，实现不定项选择。

复选框的常用属性如下：

1) Checked 属性：返回两个值 true（选中）和 false（未选中）。复选框与单选按钮很相似，也通常成组出现，其选中与否也完全由 Checked 属性值来决定。不同的是，在同一时刻允许有 0 个或多个复选框被选中。

2) CheckState 属性用于描述当前状态，该属性的值有以下几种：①Checked，控件显示一个选中标记；②UnChecked，控件为空；③Indeterminate，控件显示一个选中标记并变为灰色不可用状态。

复选框响应的常用事件如下：

1) CheckChanged 事件：Checked 值改变时触发。其触发方式和处理函数的调用和编写方法与单选按钮相同。

2）CheckStateChanged 事件：CheckedState 值改变时触发。

3）Click 事件：单击事件，但通常不需要编写其事件过程。因为单击时，它们自动改变状态。如同开关，每按一次，就改变该复选框的原选中状态。

【例 7.7】用复选框控制文本是否"加粗显示""斜体显示""加下划线"。

本例共建立 4 个控件：1 个标签 label1，3 个复选框 checkBox1、checkBox2 和 checkBox3。在标签上显示文本，用 3 个复选框决定文本是否加粗显示、斜体显示和加下划线。程序界面设计如图 7-14 所示。

程序关键代码如下：

```
private void checkBox1_CheckedChanged(object sender, EventArgs e)
{
    if(checkBox1.Checked==true)
        label1.Font=new Font(label1.Font.FontFamily, label1.Font.Size,
                label1.Font.Style | FontStyle.Bold);
}
private void checkBox2_CheckedChanged(object sender, EventArgs e)
{
    if(checkBox2.Checked==true)
        label1.Font=new Font(label1.Font.FontFamily,label1.Font.Size,
                label1.Font.Style | FontStyle.Italic);
}
private void checkBox3_CheckedChanged(object sender, EventArgs e)
{
    if(checkBox3.Checked==true)
        label1.Font=new Font(label1.Font.FontFamily, label1.Font.Size,
                label1.Font.Style | FontStyle.Underline);
}
```

程序运行后，选中"加粗显示"和"加下划线"复选框，得到的界面如图 7-15 所示。

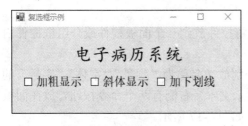
图 7-14　复选框示例设计界面

图 7-15　复选框示例运行结果

7.3.6 面板和分组框

面板（Panel）控件和分组框（GroupBox）控件都是容器控件，可以容纳其他控件，同时为控件提供可标识的分组，一般用于将窗体上的控件根据其功能进行分类，以利于进行管理。放在面板控件或分组框控件内的所有对象将随着容器的控件一起移动、显示、消失和屏蔽。

分组框控件较常用的是 Text 属性，该属性用于在分组框控件的边框上设置显示的标题。面板控件与分组框控件功能类似，都用来做容器来组合控件，但两者之间有 3 个主要区别：

1）面板控件可以设置 BorderStyle 属性，选择是否有边框。该属性用于设置边框的样式，有 3 种值：None，无边框；Fixed3D，立体边框；FixedSingle，简单边框。默认值是 None，无边框。

2）面板控件可以把其 AutoScroll 属性设置为 true，进行滚动。该属性用于设置是否在框内加滚动条。设置为 true 时，则加滚动条；设置为 false 时，则不加滚动条。

3）面板控件没有 Text 属性，不能设置标题。

面板与分组框在外观上的区别如图 7-16 所示。

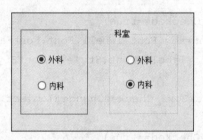

图 7-16　面板与分组框的区别

当需要在同一窗体内建立多个单选按钮组时，必须用分组框将每一组单选按钮分隔开。单选按钮控件经常与面板控件或分组框控件一起使用。

为了将控件分组，首先需要绘制分组框，然后绘制分组框内的控件。不能使用双击工具箱中工具的自动方式绘制控件。

如果需要对窗体上已有的控件进行分组，将控件放到一个面板控件或分组框控件内即可。

【例 7.8】在窗体上建立 3 组单选按钮，分别放在名称为"颜色""字体""字号"的分组框控件中，窗体的上部有一个标签用于显示文本，右侧有两个命令按钮，放在面板控件中，分别用于确定选择和退出程序运行，如图 7-17 所示。

程序功能要求：分别选择"颜色""字体""字号"后，单击"确定"按钮，标签上的文本按指定的格式显示。单击"退出"按钮，程序结束运行。

程序关键代码如下：

```
private void button1_Click(object sender, EventArgs e)
{
   if(radioButton1.Checked==true)
      label1.ForeColor=Color.Red;
   if(radioButton2.Checked==true)
      label1.ForeColor=Color.Green;
   if(radioButton3.Checked==true)
      label1.ForeColor=Color.Blue;
   if(radioButton4.Checked==true)
      label1.Font=new Font(radioButton4.Text, label1.Font.Size);
   if(radioButton5.Checked==true)
      label1.Font=new Font(radioButton5.Text, label1.Font.Size);
   if(radioButton6.Checked==true)
      label1.Font=new Font(radioButton6.Text, label1.Font.Size);
   if(radioButton7.Checked==true)
      label1.Font=new Font(label1.Font.FontFamily,
            int.Parse (radioButton7.Text));
   if(radioButton8.Checked==true)
      label1.Font=new Font(label1.Font.FontFamily,
            int.Parse (radioButton8.Text));
   if(radioButton9.Checked==true)
      label1.Font=new Font(label1.Font.FontFamily, int.Parse
            (radioButton9.Text));
}
private void button2_Click(object sender, EventArgs e)
{
   this.Close();
}
```

程序运行后,选中"蓝""隶书""24"单选按钮,得到的界面如图 7-18 所示。

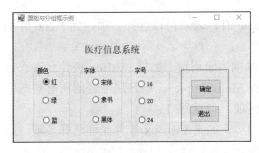 

图 7-17 面板与分组框示例设计界面　　　　图 7-18 面板与分组框示例运行结果

7.3.7 列表框

列表框（ListBox）控件提供一个项目列表，用户可以从中选择一项或多项项目。列表框内的项目称为列表项，列表项的加入是按一定的顺序进行的，这个顺序号称为索引号。列表框内列表项的索引号是从 0 开始的。

列表框的常用属性如下：

1）Items 属性：用于获取对当前存储在列表框中的列表项的引用，其值是列表框中所有项的集合。Items.Count 返回列表的总项数。

列表框的列表项可以在属性窗口中设置，单击 Items 属性的"…"按钮，打开"字符串集合编辑器"（String Collection Editor）对话框，在对话框中输入各个复选框选项，每个选项以【Enter】键换行。

Items 属性的值也可以在应用程序中用 Items.Add()或 Items.Insert()方法来添加，用 Items.Remove()方法（删除指定的列表项）或 Items.Clear()方法（删除全部的列表项）来删除。

例如：

```
this.listBox1.Items.Remove("f");
```

Items.Insert()方法用于把一个列表项插入列表框的指定位置。

例如：

```
this.listBox1.Items.Insert(0,"f");
```

2）MultiColumn 属性：用于设置选项是否在列表框中水平显示，为 false 时单列显示，为 true 时多列显示。

3）SelectionMode 属性：用于设置列表框的选择模式。

当该属性取值为 SelectionMode.One 时，表示一次只能选中 ListBox 控件中的 1 项（默认设置）：

```
listBox1.SelectionMode=SelectionMode.One;
```

当该属性取值为 SelectionMode.MultiSimple 时，表示可以选择多项，为 None 时不能选择任何项。

4）SelectedIndex 属性：用于返回被选中的项的索引值。如果 ListBox 控件允许选择多项（SelectionMode 属性值取 SelectionMode.MultiSimple），则该属性返回所有被选中的项中索引值最小的项的索引值；未选定任何项，则返回-1。

5）SelectedItem 属性：用于返回被选中的项。如果 ListBox 控件允许选择多项，则该属性返回所有被选中的项中索引值最小的项。

列表框的常用方法如下：

1）Items.Add()方法：用于将一个字符串添加到 ListBox 控件中。
例如：

```
listBox1.Items.Add("中国");
```

2）Items.Insert()方法：用于将一个字符串插入 ListBox 控件中。
例如：

```
listBox1.Items.Insert("中国");
```

3）SetSelected()方法：用于将指定的项设置为选中状态或为未被选中状态。
例如：

```
listBox1.SetSelected(1, true);    //将索引号为 1 的项设置为选中状态
listBox1.SetSelected(3, false);   //将索引号为 3 的项设置为未被选中状态
```

4）Items.Remove()方法：根据给定的索引号从 ListBox 控件中删除相应的项。例如，下面语句是将索引为 2 的项从 listBox1 控件中删除：

```
listBox1.Items.Remove(2);
```

5）Clear()方法：用于清空 ListBox 控件中的内容。

6）ClearSelected()方法：用于清空被选择的项，使所有项都变为未被选中的状态。

列表框响应的主要事件是 SelectedIndexChanged 事件，当焦点在 ListBox 控件中的项之间发生变动或单击 ListBox 控件时都会触发该事件。相应的处理函数如下：

```
private void listBox1_SelectedIndexChanged(object sender, EventArgs e)
{
    //事件处理代码
}
```

【例 7.9】建立一个列表框，在列表框中有一些水果的名称，当选定某个水果后，单击"确定"按钮，在标签上显示选定水果的名称，如图 7-19 所示。

在窗体上建立 4 个控件，标签 label1 的 Text 属性设置为"水果"；label2 用于显示所选水果的名称，Text 属性初始设置为空；列表框控件在设计时，通过 Items 列表项集合属性输入苹果、梨、桃子、西瓜、李子的名称，在 Form_Load 事件过程中用 Items.Add()方法将另外一些水果名称添加到列表框中。

程序关键代码如下：

```
private void Form1_Load(object sender,System.EventArgs e)
{
    listBox1.Items.Add("橘子");
    listBox1.Items.Add("葡萄");
```

```
        listBox1.Items.Add("柿子");
}
private void button1_Click(object sender,System.EventArgs e)
{
        label2.Font=new Font("隶书", 22, FontStyle.Regular);
        label2.Text="所选水果是"+listBox1.SelectedItem.ToString();
}
```

程序运行后,选择"水果"列表框中的"西瓜"选项,显示结果如图 7-20 所示。

图 7-19　列表框示例设计界面　　　　图 7-20　列表框示例运行结果

7.3.8　复选列表框

复选列表框(CheckedListBox)控件和列表框控件的用法基本相同,不同的是,前者的每项旁边增加了一个复选框,表示该项是否被选中。这样,是否选中了某个列表项就可以很清楚地表现出来。

CheckedListBox 类是继承了 ListBox 类而得来的,CheckedListBox 的大部分属性、事件和方法都来自 ListBox 类,如 Items 属性、SelectedItem 属性、SelectedIndex 属性、SelectedIndexChanged 事件、Items.Add()方法和 Items.Remove()方法等。因此,复选列表框控件增加了一些支持访问这种复选列表框的属性。

复选列表框增加的主要属性如下:

1) CheckItems 属性:一个数组,表示选中的项,通过它可以获取被选项的一些信息。
2) CheckedItems.Count 属性:一共被选中的复选框的个数。
3) CheckedItems[i]属性:返回索引为 i 的在复选框中被选中的项。
4) SelectItem 属性:只有一项。

复选列表框的常用方法如下:

1) GetItemChecked(i):返回第 i 项是否被选中的状态,是一个逻辑值。

2）GetItemText(集合中的某一项)：返回某一项的 text 值。

3）SetItemCheckedState(i，列表项之一)列表项：设置第 i 个列表项，处于 3 个状态之一：CheckState.Checked（选中）、CheckState.Checked（未选中）、CheckState.Inderterminate（不确定）。

【例 7.10】建立复选列表框，用于进行水果的选择，使用标签控件显示选择的水果种数，如图 7-21 所示。

在窗体上建立 4 个控件，标签 label1 的 Text 属性设置为"水果"；label2 用于显示所选水果的名称，Text 属性初始设置为空；在 Form_Load 事件过程中用 Items.Add()方法将水果名称添加到列表框中。

程序关键代码如下：

```
private void Form1_Load(object sender, EventArgs e)
{
    checkedListBox1.Items.Add("橘子");
    checkedListBox1.Items.Add("葡萄");
    checkedListBox1.Items.Add("柿子");
    checkedListBox1.Items.Add("苹果");
    checkedListBox1.Items.Add("梨");
    checkedListBox1.Items.Add("西瓜");
    checkedListBox1.Items.Add("李子");
}
private void button1_Click(object sender, EventArgs e)
{
    label2.Font=new Font("隶书", 22, FontStyle.Regular);
    label2.Text="所选水果的种数是:"+checkedListBox1.CheckedItems.
                Count.ToString();
}
```

程序运行后，选中"葡萄""柿子""梨"复选列表框，得到的界面如图 7-22 所示。

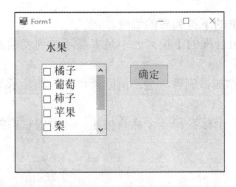

图 7-21 复选列表框示例设计界面

图 7-22 复选列表框示例运行结果

7.3.9 组合框

组合框（ComboBox）控件是一个文本框和一个列表框的组合，用于在下拉组合框中显示数据，便于用户从控件下拉列表框的多个选项中做出一个选择，该选项的内容将自动装入文本框中，如果列表框中没有所需的选项，允许在文本框中直接输入信息。

组合框控件和列表框控件也比较相似，不同的是，前者是将其包含的项"隐藏"起来（后者是全部显示），通过单击下拉按钮来选择所需的项（只能选一项），被选中的项将在文本框中显示出来。

组合框的大部分属性、事件和方法也是来自 ListBox 类，如 Items 属性、SelectedItem 属性、SelectedIndex 属性、SelectedIndexChanged 事件、Items.Add()方法和 Items.Remove() 方法等。

组合框的常用属性如下：

1）DropDownStyle 属性：用于设置组合框的样式。有 3 个选项：Simple，文本框是可编辑的，下拉列表直接显示出来；DropDownList，文本框是不可编辑的，单击下拉按钮才显示下拉列表；DropDown，文本框是可编辑的，单击下拉按钮才显示下拉列表，如图 7-23 所示。

图 7-23　ComboBox 控件的 3 种形式

2）DropDownWidth 属性：用于设置组合框的下拉列表的宽度。

3）MaxDropDownItems 属性：用于设置组合框的下拉列表中最多显示的列表项的数量。

【例 7.11】编写一个能对组合框进行项目添加、删除、全部清除操作，并能显示组合框中项目数的程序。

在窗体上创建 1 个组合框、1 个文本框、3 个标签和 4 个命令按钮，并设置它们的属性，如图 7-24 所示。

程序关键代码如下：

```
private void Form1_Load(object sender, EventArgs e)
```

```
{
    comboBox1.Items.Add("橘子");
    comboBox1.Items.Add("葡萄");
    comboBox1.Items.Add("柿子");
    comboBox1.Items.Add("苹果");
    label3.Text=comboBox1.Items.Count.ToString();
}
private void button1_Click(object sender, EventArgs e)
{
    comboBox1.Items.Add(textBox1.Text);
    label3.Text=comboBox1.Items.Count.ToString();
}
private void button2_Click(object sender, EventArgs e)
{
    if(comboBox1.SelectedItem!="")
    {
        comboBox1.Items.Remove(comboBox1.SelectedItem);
        label3.Text=comboBox1.Items.Count.ToString();
    }
}
private void button3_Click(object sender, EventArgs e)
{
    comboBox1.Items.Clear();
    label3.Text=comboBox1.Items.Count.ToString();
}
private void button4_Click(object sender, EventArgs e)
{
    this.Close();
}
```

图 7-24 组合框示例设计界面

程序运行后，在文本框输入"李子"，单击"添加"按钮，得到的界面如图 7-25 所示,可以看到新的水果已经成功加到组合框中。

图 7-25　组合框示例运行结果

7.3.10　定时器

定时器(Timer)控件是按一定时间间隔周期性地自动触发定时器事件(Tick)的控件。定时器控件只在设计时出现在窗体下面的面板上,运行时,定时器控件不可见,定时器控件的默认名称为 timer1、timer2 等。

定时器的常用属性如下:

1) Enabled 属性:用于设置定时器是否运行,若为 true,则每隔 InterVal 属性指定的时间间隔调用一次 Tick 事件。

2) InterVal 属性:用于设置自动调用 Tick 事件的时间间隔,其值以毫秒为单位。

定时器控件只响应一个 Tick 事件。

【例 7.12】设计一个用于计时的程序。

窗体设计:添加 1 个计时器、1 个标签和 3 个命令按钮。主要属性设置如表 7-2 所示。程序界面设计如图 7-26 所示。

表 7-2　控件的主要属性设置

控件名	属性	属性值
timer1	Interval	1000
	Enabled	False
label1	Text	0
	AutoSize	False
	BorderStyle	Fixed3D
	TextAlign	MiddleCenter
button1	Text	计时
button2	Text	暂停
button3	Text	结束

程序代码如下:

```
private void button1_Click(object sender, EventArgs e)    //使计时器有效
{
    timer1.Enabled=true;
}
private void button2_Click(object sender, EventArgs e)    //使计时器无效
{
    timer1.Enabled=false;
    button1.Text="继续";
}
private void button3_Click(object sender, EventArgs e)
//停止计时,计时清零
{
    timer1.Enabled=false;
    label1.Text="0";
}
private void timer1_Tick(object sender, EventArgs e)
{
    int n;
    n=Convert.ToInt32(label1.Text);
    n=n+1;
    label1.Text=(Convert.ToInt32(label1.Text)+1).ToString();
}
```

计时程序运行后,单击"计时"按钮,计时开始;单击"暂停"按钮,得到的程序结果如图 7-27 所示。

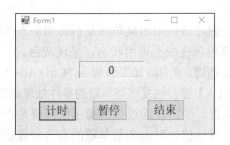

图 7-26 计时程序设计界面

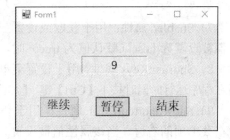

图 7-27 计时程序运行结果

7.3.11 菜单栏

在 Windows 应用程序中,菜单是一种常用的用户界面。大多数为 Windows 编写的应用程序提供了一个用于用户与应用程序进行交互的菜单。出现在应用程序界面上方边缘的菜单称为主菜单。菜单栏(MenuStrip)控件用于创建窗体的主菜单。右击相关控件

后出现的菜单称为快捷菜单或弹出菜单（ContextMenuStrip）。快捷菜单控件用于创建窗体的快捷菜单。

C#提供了 3 个 Menu 类的派生类来实现菜单功能，它们是 MainMenu 类、MenuItem 类和 ContexMenu 类，分别用来实现主菜单、菜单项和弹出菜单。

主菜单的常用属性如下：

1）Items 属性：用于在菜单上显示项的集合（选择菜单栏控件，在属性窗口中即可找到该属性）。

2）Dock 属性：用于获取或设置菜单停靠在父容器的哪一边缘，默认为顶部。

3）GripStyle 属性：用于获取或设置菜单左侧 4 个垂直排列的点（移动手柄）是否可见，即工具栏是否可以移动。

4）ImageScalingSize 属性：用于获取或设置菜单项所用图标的大小。

5）LayoutStyle 属性：用于获取或设置菜单的布局方式，默认为水平。

6）Name 属性：用于获取或设置菜单的名称。

7）ShowItemToolTips 属性：用于获取或设置是否显示菜单项的提示。

菜单项的常用属性如下：

1）DisplayStyle 属性：用于获取或设置菜单项的图像和文本的呈现模式。

2）Image 属性：用于获取或设置菜单项的图标。

3）Name 属性：用于获取或设置菜单项的名称。

4）Text 属性：用于获取或设置菜单项的显示文本。

5）ToolTipText 属性：用于获取或设置菜单项的提示信息。

6）Checked 属性：用于获取或设置一个值，通过该值指示选中标记是否出现在菜单项文本的旁边。当该属性值被设置为 true（默认值为 false）时，对应菜单项的左边将显示符号"√"。

7）Enabled 属性：用于获取或设置一个值，通过该值指示菜单项是否可用。当该属性值被设置为 false（默认值为 true）时，对应菜单项变成不可用状态，呈现灰色。

8）ShortcutKeys 属性：用于设置菜单项的快捷键。例如，如果设置为"Ctrl+Alt+A"，则在程序运行时同时按下【Ctrl】键、【Alt】键和【A】键会触发该菜单项的事件处理函数。

9）ShowShortcutKeys 属性：用于获取或设置一个值，通过该值指示快捷键是否出现在菜单项的右边。当该属性值被设置为 true（默认值）时，在菜单项的右边会显示其快捷键。

菜单和菜单项最常用的事件是 Click 事件，单击菜单中的任一项后触发该事件。例如，为"保存文件"菜单项添加事件处理函数的步骤如下：

1）双击"保存文件"菜单项，或者选中"保存文件"菜单项，在属性面板的事件中找到 Click 事件并双击，将自动形成如下的 Click 事件处理框架：

```
private void 保存文件ToolStripMenuItem_Click(object sender, EventArgs e)
```

{
}

在框架中输入代码,例如:

```
MessageBox.Show("您选择了保存文件菜单项!");
```

2)运行程序,单击"保存文件"菜单项,将弹出一个消息框,内容是"您选择了保存文件菜单项!"。

使用菜单栏控件可以创建标准菜单和自定义菜单,标准菜单默认创建如"文件""编辑"等常用的菜单及菜单项。

【例 7.13】标准菜单创建示例。

创建步骤如下:

1)新建 Windows 应用程序项目。

2)在工具箱中双击菜单栏控件,在窗体设计界面的顶部产生一条空的主菜单栏,如图 7-28 所示,它是菜单项(MenuItem 对象)的容器。左下角出现 MenuStrip 对象的图标,通过单击该图标可选中菜单。

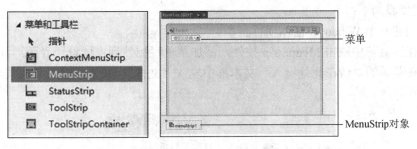

图 7-28 添加菜单栏控件

3)单击菜单栏控件,单击控件右上方的三角箭头,弹出"MenuStrip 任务"窗口,选择"插入标准项"选项,如图 7-29 所示。

图 7-29 标准菜单添加过程

4)菜单中创建出"文件""编辑""工具""帮助"4 个菜单及相应的菜单选项,如

图 7-30 所示。

图 7-30　标准菜单界面

还可以根据需要，对已经创建好的菜单及菜单项进行修改和增删。菜单栏控件还支持自定义菜单的创建。

【例 7.14】创建一个 Windows 窗体程序，在窗体上设计一个菜单。该菜单包括"文件"和"编辑"两个主菜单项。"文件"菜单项包括"新建""打开""保存""退出"4 个菜单项。"编辑"菜单项包括"剪切""复制""粘贴"3 个菜单项。

创建步骤如下：

1）创建一个 Windows 窗体项目。

2）在工具箱中双击 MenuStrip 控件，添加菜单栏控件到窗体设计界面。

3）在菜单的"请在此处键入"文本框中输入"文件"，并依次输入其他菜单项，如图 7-31 所示。

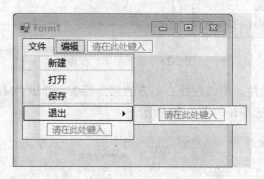

图 7-31　"文件"菜单项添加

4）当某个菜单有多个菜单项时，可以根据用途进行编组。可以在菜单中创建分隔条。在本例中可以将"新建""打开""保存""退出"分成两组，在"保存"和"退出"之间，添加一个分隔条。方法：在"退出"选项上右击，在弹出的快捷菜单中选择"插入"→"Separator"命令，如图 7-32 所示，也可以直接在菜单项中输入"-"来添加分隔条。

图 7-32 添加分隔条

5）按照步骤 3）为窗体主菜单添加"编辑"菜单及菜单项，设计界面如图 7-33 所示。

图 7-33 "编辑"菜单及菜单项添加界面

6）插入或删除菜单项。如果需要为已有的菜单项插入或删除菜单项，可以在主菜单占位符处右击，在弹出的快捷菜单中选择"插入"或"删除"命令。如果需要调整菜单项位置，可以按住鼠标左键拖动菜单项至目标处即可。

7）为菜单项设置快捷键。选中需要设置快捷键的菜单项，如"新建"，在属性窗口中选择 ShortcutKeys 属性进行设置，并且设置 ShowShortcutKeys 属性为 true。

8）菜单各项设置完成后，即可为各个菜单项添加 Click 事件处理函数。以"新建"菜单项为例，双击"新建"菜单项，可进入代码编辑区域。自动形成以下的 Click 事件处理框架：

```
private void 新建ToolStripMenuItem_Click(object sender, EventArgs e)
{
}
```

在框架中输入以下代码：

```
MessageBox.Show("您选择了"新建"菜单项!");
```

运行程序，单击"新建"菜单项，将会弹出消息框，消息为"您选择了'新建'菜单项！"。为其他菜单项添加事件处理函数也是采用类似方式。

创建弹出式菜单的方法：首先从工具箱中将 ContextMenuStrip 控件拖动到窗体上，然后选择弹出式菜单对象，接着采用与主菜单相似的设计方法设计弹出式菜单的各个菜单项。弹出菜单设计完成后，需要与指定的窗体控件建立关联才能发挥作用。建立关联的方法：先选中给定的窗体控件，再将它的 ContextMenuStrip 属性值设置为弹出式菜单对象的名称。

【例 7.15】创建一个窗体程序，在窗体上添加一个文本框控件，并为这个控件创建弹出菜单，该弹出菜单包括"剪切""复制""粘贴" 3 个菜单项。

创建步骤如下：

1) 在例 7.14 的基础上，为窗体添加一个文本框控件，并设置 MultiLine 属性为 true, ScrollBar 属性为 Vertical。

2) 在工具箱中双击 ContextMenuStrip 控件，ContextMenuStrip 对象将被放置到窗体下方，如图 7-34 所示。

3) 单击 ContextMenuStrip 对象，为弹出菜单添加"剪切""复制""粘贴"菜单项，如图 7-35 所示。

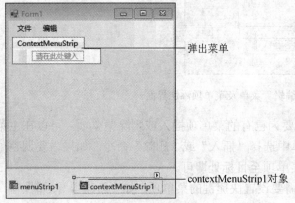

图 7-34　添加弹出菜单

图 7-35　添加弹出菜单项

4) 建立弹出菜单对象与控件的关联。将 TextBox 控件的 ContextMenuStrip 属性值设置为弹出式菜单对象的名称 "contextMenuStrip1"。

5) 为弹出菜单的菜单项添加 Click 事件处理函数。"剪切""复制""粘贴" 3 个菜单项的 Click 事件处理函数代码如下：

```
private void 剪切ToolStripMenuItem_Click(object sender, EventArgs e)
{
    textBox1.Cut();
}
```

```
private void 复制ToolStripMenuItem_Click(object sender, EventArgs e)
{
    textBox1.Copy();
}
private void 粘贴ToolStripMenuItem_Click(object sender, EventArgs e)
{
    textBox1.Paste();
}
```

运行该程序后，通过右击 textBox1 控件可以利用弹出式菜单对被选中的文本进行剪切、复制、粘贴等编辑操作，如图 7-36 所示。

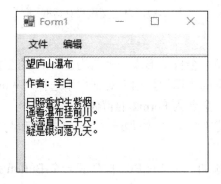

图 7-36　弹出式菜单运行结果

7.3.12　消息对话框

消息对话框一般用于在程序运行过程中显示相关提示信息，以增加程序与用户的交互能力。C#提供了实现消息对话框功能的多种途径。本节介绍消息对话框的分类及一些"小"的对话框。

对话框可以分为模式对话框与非模式对话框。模式对话框处于活动状态时，程序就不能切换到其他对话框和窗体中，除非关闭它；而非模式对话框处于活动状态时，程序可以切换到其他对话框和窗体中。

Form 类提供的 ShowDialog()方法和 Show()方法分别用于实现模式对话框和非模式对话框的显示。

例如：

```
Form frm1=new Form();
Frm1.ShowDialog();              //打开模式对话框
Form frm2=new Form();
Frm2.Show();                    //打开非模式对话框
```

【例7.16】实现图7-37所示的模式对话框，要求当单击"是"或"否"按钮时能够返回相应值。

图7-37　自定义模式对话框

创建步骤如下：

1) 创建窗体应用程序，会自动形成一个名为Form1的窗体。选择菜单"项目"→"添加组件"命令，在弹出的"添加新项"对话框中选择"Windows 窗体"选项并单击"添加"按钮，便生成另一个名为Form2的窗体。

2) 在窗体Form2的设计界面中，添加一个Label控件和两个Button控件，如图7-37所示。

3) 在窗体Form1中添加一个TextBox控件和一个Button控件，如图7-38所示。

图7-38　Form1窗体设计界面

4) 编写程序代码。

程序关键代码如下：

```
//文件Form1.cs中的代码
private void button1_Click(object sender, EventArgs e)
{
    Form2 frm2=new Form2();
    //调用ShowDialog2()以模式对话框的方式打开窗体frm2
    if(frm2.ShowDialog2()=="Yes")
    {
```

```csharp
        textBox1.Text="他认为学习编程容易!";
    }
    else
    {
        textBox1.Text="他认为学习编程不容易!";
    }

}

//文件 Form2.cs 中的代码
public partial class Form2 : Form
{
    public Form2()
    {
        InitializeComponent();
    }
    public string answer="";
    public string ShowDialog2()//增加带返回结果的一个方法
    {
        base.ShowDialog();
        return answer;
    }
    private void button1_Click(object sender, EventArgs e)
    {
        answer="Yes";
        this.Close();
    }
    private void button2_Click(object sender, EventArgs e)
    {
        answer="No";
        this.Close();
    }
}
```

运行该程序，单击"打开对话框"按钮后，在打开的对话框中单击"是"按钮，结果如图 7-39 所示。

MessageBox 类的消息对话框是一种简便的消息对话框，如果交互性要求不是很强，利用它来实现信息提示非常方便。MessageBox 类提供了一个静态方法——Show()方法来显示消息对话框。Show()方法是一个重载的方法，一共有 21 个实现版本。下面举例介绍几种常用的版本。

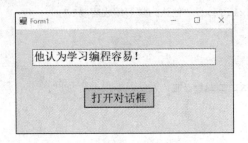

图 7-39　模式对话框示例运行结果

（1）DialogResult MessageBox.Show(string text)

例如：

```
private void button1_Click(object sender, EventArgs e)
{
    MessageBox.Show("我认为编程很有趣！");
}
```

运行程序后，单击"button1"按钮，将弹出图 7-40 所示的单个参数的消息框。

（2）DialogResult MessageBox.Show(string text, string caption)

例如：

```
private void button1_Click(object sender, EventArgs e)
{
    MessageBox.Show("我认为编程很有趣！","学编程");
}
```

程序运行后，单击"button1"按钮，将弹出图 7-41 所示的两个参数的消息框。

 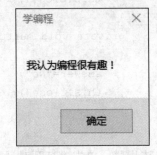

图 7-40　单个参数的消息框　　　　图 7-41　两个参数的消息框

（3）DialogResult MessageBox.Show(string text, string caption, MessageButtons buttons)

参数 text 和 caption 的意义同上，参数 buttons 用于决定要在对话框中显示哪些按钮，该参数的取值及其作用说明如下：

1）MessageBoxButtons.OK：消息框中只有"确定"按钮。

2）MessageBoxButtons.OkCancel：消息框中只有"确定"和"取消"按钮。
3）MessageBoxButtons.YesNo：消息框中只有"是"和"否"按钮。
4）MessageBoxButtons.YesNoCancel：消息框中有"是""否""取消"按钮。
5）MessageBoxButtons.RetryCancel：消息框中有"重试"和"取消"按钮。
6）MessageBoxButtons.AbortRetryIgnore：消息框中有"中止""重试""忽略"按钮。

例如：

```
private void button1_Click(object sender, EventArgs e)
{
    if(MessageBox.Show("你喜欢学习编程吗?", "学编程",
                Message BoxButtons.YesNo)==DialogResult.Yes)
    {
        label1.Text="喜欢编程";
    }
}
```

这段代码运行的结果是程序运行初始界面，如图7-42所示，单击"请点击"按钮，将弹出图7-43所示的3个参数的消息框，单击"是"按钮，在图7-44的标签label1中显示"喜欢编程"。

图7-42 程序运行初始界面

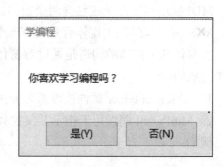

图7-43 3个参数的消息框

图7-44 消息框示例运行结果

7.4 多文档窗体应用程序

7.4.1 SDI 和 MDI 概述

简单的应用程序通常只包括一个窗体，称为单文档界面（single document interface，SDI）。在实际应用中，特别是对于较复杂的应用程序，单一的窗体往往不能满足需要，必须通过多文档界面来实现（multiple document interface，MDI）。每个窗体可以有自己的界面和程序代码，完成不同的操作。以下简单介绍这两种文档界面。

1）SDI：此类应用程序通常包含一个菜单、一个工具栏和一个窗体，在窗体中可以加载、编辑一定的内容，如记事本。但是，若要新建或打开第二个文档，则会打开一个全新的应用程序，两个应用程序各自拥有自己的菜单、工具栏。

2）MDI：此类应用程序的界面与 SDI 相似，但可以同时打开多个窗口，共用菜单、工具栏等，如 Word、Excel 等应用程序。

7.4.2 MDI 应用程序的创建

MDI 应用程序至少应包含两个窗体，一个是主窗体，也称为父窗体，另一个是子窗体。MDI 应用程序的主窗体有且仅有一个，在父窗体中打开的子窗体可以有多个。

主窗体和子窗体的构造是通过对窗体的 IsMdiContainer 属性和 MdiParent 属性的设置来完成的：

1）IsMdiContainer 属性被设置为 true 时，表示该窗体为父窗体。

2）MdiParent 属性用于指示其父窗体，是在父窗体的代码中设置的。

例如：

```
Form2 Child1=new Form2();
Child1.MdiParent=this;
```

【例 7.17】MDI 应用程序示例。

创建步骤如下：

1）新建 Windows 应用程序项目。

2）将默认创建的窗体 Form1 的 IsMdiContainer 属性设置为 true，此时 Form1 即成为 MDI 主窗体。

3）向项目中添加新的 Windows 窗体，将窗体的 Name 属性设置为 childForm1。

4）修改主窗体的构造函数，代码如下：

```
public Form1()
{
    InitializeComponent();
    childForm1 child1=new childForm1();
    child1.MdiParent=this;
    child1.Show();
}
```

这段代码创建了子窗体 childForm1 的实例 child1，将其 MdiParent 属性指定为 this，即 Form1 窗体，然后显示这个子窗体。

习 题

1．设计一个程序，实现以下功能。

1）新建一个 Windows 应用程序，将窗体的标题改为"窗体事件练习"，背景设为黄色，并在窗体上添加一个标签，如图 7-45 所示。

2）窗体初始化时（form_load 事件），在标签上显示"窗体事件学习"（设置标签的 text 属性），如图 7-46 所示。

3）单击窗体，将窗体背景变蓝色，在标签上显示"你单击了窗体"，如图 7-47 所示。

图 7-45　窗体事件设计界面

图 7-46　窗体事件运行结果 1

2．设计一个登录窗体，如图 7-48 所示。当输入正确的用户名和密码时，单击"登录"按钮，消息框显示"欢迎你！×××"；如果用户名或者密码错误，消息框则显示"用户名或者密码错误"。单击"取消"按钮，则关闭窗体。

图 7-47　窗体事件运行结果 2

图 7-48　登录窗体设计界面

提示：消息框实现代码 MessageBox.Show("欢迎你"+textBox1.Text);。

3．绘制图 7-49 所示的程序界面。实现以下功能：

1）单击"换背景"按钮，将本文框的背景变成黄色。

2）单击"剪切"按钮，剪切 textBox1 中选中的文字。

3）单击"复制"按钮，将 textBox1 中被选中的文本复制到剪贴板中。

4）单击"粘贴"按钮，将文本框 1 中选中或复制的文字粘贴到 textbox2 中。

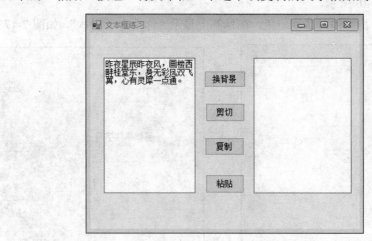
图 7-49　文本框设计界面

4．绘制图 7-50 所示的程序界面，包括 1 个标签和 3 个单选按钮。要求实现的功能：选中不同的单选按钮，在标签上显示所选中的水果。

5．绘制图 7-51 所示的程序界面，用复选框控制文本是否"加粗""斜体""下划线"。

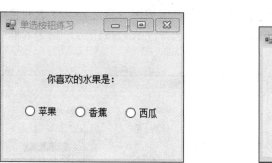

图 7-50　单选按钮设计界面　　　　图 7-51　复选框设计界面

6. 绘制图 7-52 所示的程序界面，用列表框控件实现课程选择。要求实现的功能：单击"向右"按钮，将 listbox1 所选条目增加至 listBox2 中，同时将 listbox1 中该条目删除。单击"向左"按钮，将 listBox2 所选条目移至 listbox1 中，同时将 listbox2 中该条目删除。

图 7-52　列表框程序初始界面

提示：可在 Form1.Load()事件下为 listBox1 的 Items 属性赋初始值：

```
listBox1.Items.Add("高等数学");
listBox1.Items.Add("内科学");
listBox1.Items.Add("计算机基础与应用");
listBox1.Items.Add("大学英语");
listBox1.Items.Add("医用物理学");
listBox1.Items.Add("有机化学");
listBox1.Items.Add("医学细胞生物学");
listBox1.Items.Add("中国近现代史纲要");
listBox1.Items.Add("形势与政策");
listBox1.Items.Add("体育");
listBox1.Items.Add("组织学与胚胎学实验");
listBox1.Items.Add("系统解剖学实验");
```

7. 绘制图 7-53 所示的程序界面，窗体上包含单选按钮、复选框、复选列表框、文本框、分组框、命令按钮。程序功能要求：单击"选择完成"按钮后，在文本框中显示选中的项目内容，如图 7-54 所示。

图 7-53　程序设计界面

图 7-54　程序运行结果

提示：

1）窗体中包含 6 种控件：GroupBox、RadioButton、CheckBox、TextBox、Button、CheckedListBox。

2）在字符串后加 "\r\n" 实现换行。

8. 绘制图 7-55 所示的程序界面，要求实现的功能：通过单选按钮、复选框、组合框的操作，对文本框字体进行设置，效果如图 7-56 所示。

9. 绘制图 7-57 所示的程序界面，要求实现的功能：在界面输入三角形的下底和高后，单击"三角形面积"按钮，在文本框中输出面积。要求定义一个三角形类，然后创建对象，再通过对象调用方法。

图 7-55　字体设置设计界面

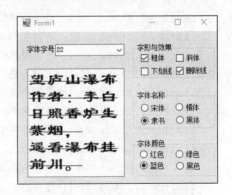

图 7-56　字体设置运行结果图

图 7-57　计算三角形面积程序设计界面

10. 绘制图 7-58 所示的程序界面，实现如下功能，效果如图 7-59 所示。

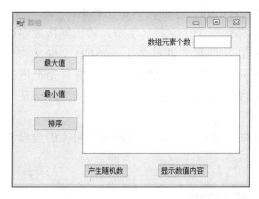

图 7-58　数组处理设计界面　　　　　图 7-59　数组处理运行结果

1）在文本框输入元素个数，单击"产生随机数"按钮，产生一个数组并赋 0～100 的随机整数。

2）显示数组内容：将数组显示在文本框中。

3）实现求最大值、最小值、排序功能。

提示：在 Form1 类中定义数组。

第 8 章 文 件

文件是由一些具有永久存储及特定顺序的字节组成的一个有序的、具有名称的集合。这个数据集的名称称为文件名。因此，关于文件，人们常会想到目录路径、磁盘存储、文件和目录名等方面。操作系统是以文件为单位对数据进行管理的，如果要找外部介质上的数据，必须先按文件名找到指定的文件，再从该文件中读取数据。要向外部介质上存储数据也必须先建立一个文件（以文件名标识），才能向它输出数据。

C#将文件看作一个字符（字节）的序列，即由一个个字符（字节）的数据按顺序组成。根据数据的组成形式，可将文件分为 ASCII 文件和二进制文件。ASCII 文件又称文本（text)文件，它的每一字节可放一个 ASCII 码，代表一个字符。二进制文件是把内存中的数据按其在内存中的存储形式按原样输出到磁盘上存放。因而一个 C#文件就是一个字节流或二进制流。

本章将介绍在 C#语言中如何处理目录、如何处理文件，以及如何使用流的概念读写文件。

8.1 文件存储管理

8.1.1 目录管理

C#命名空间 System.IO 中提供了 Directory 类来进行目录管理。利用它可以对目录及其子目录进行创建、移动、浏览等操作，甚至可以定义隐藏目录和只读目录。

Directory 类和 DirectoryInfo 类用于复制、移动、重命名、创建和删除目录等操作，也可将 Directory 类用于获取和设置与目录的创建、访问及写入操作相关的 DateTime 信息。所有的 Directory 方法都是静态的，大多数 Directory 方法要求当前操作的目录的路径，但 Directory 类不能建立对象。DirectoryInfo 类使用方法和 Directory 类基本相同，但 DirectoryInfo 类能建立对象。在使用这两个类时需要引用 System.IO 命名空间。

1. Directory 类

下面重点介绍 Directory 类的使用方法。常用的 Directory 类方法如表 8-1 所示。

表 8-1 常用的 Directory 类方法

方法	说明
CreateDirectory(String path)	在指定路径 path 创建所有目录和子目录
Delete(String path)	从指定路径 path 删除空目录

续表

方法	说明
Delete(String path, Boolean recursive)	删除指定的目录 path。若要移除 path 中的目录、子目录和文件,则 recursive 为 true;否则 recursive 为 false
Exists(String path)	确定给定路径 path 是否引用磁盘上的现有目录。如果引用现有路径,返回 true;否则返回 false
GetCurrentDirectory()	返回包含当前工作目录的路径的字符串,不以反斜杠(\)结尾
GetDirectories(String path)	获取指定目录 path 中子目录的名称(包括其路径)
GetFiles(String path)	返回指定目录 path 中文件的名称(包括其路径)
Move(String sourceDirName, String destDirName)	将文件或目录及其内容从 sourceDirName 移到新位置 destDirName

(1) 目录创建方法:Directory.CreateDirectory()

下面的代码演示在"D:\Dir1"文件夹下创建名为"Dir2"的子文件夹。

```
Directory.CreateDirectory(@"D:\Dir1\Dir2");
```

(2) 目录删除方法:Directory.Delete()

下面的代码可以将"D:\Dir1\Dir2"目录删除。Delete 方法的第二个参数为 bool 类型,它可以决定是否删除非空目录。如果该参数值为 true,将删除整个目录,即使该目录下有文件或子目录;如果该参数值为 false,则仅当目录为空时才可删除。

```
Directory.Delete(@"D:\Dir1\Dir2",true);
```

(3) 目录移动方法:Directory.Move()

下面的代码将目录"D:\Dir1\Dir2"移动到"D:\Dir3\Dir4"。

```
Directory.Move(@"D:\Dir1\Dir2",@"D:\Dir3\Dir4");
```

(4) 获取当前目录下所有子目录:Directory.GetDirectories()

下面的代码读出"D:\Dir1\"目录下的所有子目录,并将其存储到字符串数组中。

```
string [] Directorys;
Directorys=Directory. GetDirectories (@"D:\Dir1");
```

(5) 获得所有逻辑盘符:Directory.GetLogicalDrives()

```
string[] AllDrivers=Directory.GetLogicalDrives();
```

(6) 获取当前目录下的所有文件方法:Directory.GetFiles()

下面的代码读出"D:\Dir1\"目录下的所有文件名,并将其存储到字符串数组中。

```
string [] Files;
Files=Directory.GetFiles(@"D:\Dir1",);
```

（7）判断目录是否存在方法：Directory.Exist()

下面的代码判断是否存在"D:\Dir1\Dir2"目录。

```
if(File.Exists(@"D:\Dir1\Dir2"))//判断目录是否存在
```

注意：路径有3种方式，当前目录下的相对路径、当前工作盘的相对路径、绝对路径。以"D:\dir1\dir2"为例（假定当前工作目录为"D:\dir1"），"dir2""\dir1\dir2""D:\dir1\dir2"都表示"D:\dir1\dir2"。

另外，在 C#中"\"是特殊字符，需要使用"\\"表示它。由于这种写法不方便，C#语言提供了@对其简化。只要在字符串前加上@即可直接使用"\"。所以，上面的路径在 C#中应该表示为@"dir2"、@"\dir1\dir2"和@"D:\dir1\dir2"。

【例8.1】创建目录示例。

程序代码如下：

```
using System;
using System.Collections.Generic;
using System.IO;
using System.Linq;
using System.Text;
namespace 例8_01
{
    class Program
    {
        static void Main(string[] args)
        {
            Directory.CreateDirectory("D:\\hello");  //创建目录;
        }
    }
}
```

【例8.2】本例首先判断指定的目录是否存在，如果存在，则删除该目录；如果不存在，则创建该目录。然后，将移动此目录。

程序代码如下：

```
using System;
using System.IO;
class Program
{
    static void Main(string[] args)
    {
        //指定要处理的目录
```

```
        string path=@"D:\MyDir";
        string target=@"D:\TestDir";
        try
        {
            //判断目录是否存在
            if(!Directory.Exists(path))
            {
                //如果不存在就新建目录
                Directory.CreateDirectory(path);
            }
            if(Directory.Exists(target))
            {
                //如果指定的目录存在就删除它
                Directory.Delete(target, true);
            }
            //移动一个目录
            Directory.Move(path, target);
        }
        catch (Exception e)
        {
            Console.WriteLine("The process failed: {0}", e.ToString());
        }
        finally {}
    }
}
```

【例8.3】在目录"D:\Source"下搜索所有.txt 文件，并将它们移到一个新目录"D:\newSource"下。

程序代码如下：

```
using System;
using System.IO;
class Program
{
    static void Main(string[] args)
    {
        //设置源目录和目标目录
        string sourceDirectory=@"D:\Source";
        string newDirectory=@"D:\newSource";
        try
        {
```

```
//枚举源目录下所有.txt文件(不包含子目录中的.txt文件)
var txtFiles=Directory.EnumerateFiles(sourceDirectory,
                                      "*.txt");
//移动文件(目标目录已存在)
foreach(string currentFile in txtFiles)
{
    //获取文件名
    string fileName=currentFile.Substring(sourceDirectory.
                                          Length+1);
    //构造移动后的文件路径并移动文件
    Directory.Move(currentFile, Path.Combine(newDirectory,
                   fileName));
}
}
catch (Exception e)
{
    Console.WriteLine(e.Message);
}
}
}
```

2. DirectoryInfo 类

DirectoryInfo 类用于复制、移动、重命名、创建和删除目录等操作。其构造函数如下：

```
public DirectoryInfo(String path);
```

其中，path 是一个字符串，它指定创建的 DirectoryInfo 的路径。例如，要在 "D:\MyDir" 路径下创建一个 DirectoryInfo 对象，代码如下：

```
DirectoryInfo di=new DirectoryInfo(@"D:\MyDir");
```

常用的 DirectoryInfo 类属性和方法如表 8-2 和表 8-3 所示。

表 8-2 常用的 DirectoryInfo 类属性

属性	说明
Attributes	获取或设置当前文件或目录的特性
CreationTime	获取或设置当前文件或目录的创建时间
Exists	获取指示文件是否存在的值
Length	获取当前文件的大小（字节）
Name	获取此 DirectoryInfo 实例的名称
Parent	获取指定子目录的父目录

第8章 文 件

表 8-3 常用的 DirectoryInfo 类方法

方法	说明
Create()	创建目录
Delete()	如果此 DirectoryInfo 为空，则删除它
Delete(Boolean recursive)	删除 DirectoryInfo 的实例，若 recursive 为 true，则删除此目录、其子目录及所有文件；否则为 false
EnumerateDirectories()	返回当前目录中的目录信息的可枚举集合
EnumerateDirectories(String searchPattern)	返回与指定的搜索模式 searchPattern 匹配的目录信息的可枚举集合
EnumerateFiles()	返回当前目录中的文件信息的可枚举集合
EnumerateFiles(String searchPattern)	返回与搜索模式 searchPattern 匹配的文件信息的可枚举集合
GetDirectories()	返回当前目录的子目录
GetDirectories(String searchPattern)	返回当前 DirectoryInfo 中与给定搜索条件 searchPattern 匹配的目录的数组
GetFiles()	返回当前目录的文件列表
GetFiles(String searchPattern)	返回当前目录中与给定的搜索模式 searchPattern 匹配的文件列表
MoveTo(String destDirName)	将 DirectoryInfo 实例及其内容移动到新路径 destDirName

【例8.4】 检查目录"D:\MyDir"是否存在；如果该目录不存在，则创建此目录，然后删除该目录。

程序代码如下：

```
using System;
using System.IO;
class Program
{
    public static void Main()
    {
        //创建指定目录的 DirectoryInfo 实例
        DirectoryInfo di=new DirectoryInfo(@"D:\MyDir");
        try
        {
            //判断指定目录是否存在
            if(di.Exists)
            {
                Console.WriteLine("That path exists already.");
                return;
            }
            //创建目录
            di.Create();
```

```
            Console.WriteLine("The directory was created successfully.");
            //删除目录
            di.Delete();
            Console.WriteLine("The directory was deleted successfully.");
        }
        catch(Exception e)
        {
            Console.WriteLine("The process failed: {0}", e.ToString());
        }
        finally {}
    }
}
```

【例 8.5】遍历"D:\"下所有文件,输出它们的大小。

程序代码如下:

```
using System;
using System.IO;

public class Program
{
    public static void Main()
    {
        //创建目录引用
        DirectoryInfo di=new DirectoryInfo("D:\\");
        //为目录下每一个文件创建引用
        FileInfo[] fiArr=di.GetFiles();
        //输出每个文件的名称和大小
        Console.WriteLine("The directory {0} contains the following
                         files:", di.Name);
        foreach(FileInfo f in fiArr)
            Console.WriteLine("The size of {0} is {1} bytes.", f.Name,
                         f.Length);
    }
}
```

8.1.2 文件管理

C#通过 File 类和 FileInfo 类来创建、复制、删除、移动和打开文件,并协助创建 FileStream 对象。File 类中提供了一些静态方法,使用这些方法可以完成以上功能。因为所有的 File 类方法都是静态的,所以 File 类不能建立对象,而且都要求当前所操作的文件的路径。FileInfo 类的使用方法和 File 类基本相同，但 FileInfo 类能建立对象。在使用这两个类时需要引用 System.IO 命名空间。

1. File 类

这里重点介绍 File 类的使用方法。常用的 File 类方法如表 8-4 所示。

表 8-4 常用的 File 类方法

方法	说明
AppendAllText (String path, String contents)	打开一个路径为 path 的文件，向其中追加指定的字符串 contents，然后关闭该文件。如果文件不存在，此方法创建一个文件，将指定的字符串写入文件，然后关闭该文件
Copy(String sourceFileName, String destFileName, Boolean overwrite)	将现有文件 sourceFileName 复制到新文件 destFileName，overwrite 为 true 时允许覆盖同名的文件
Create(String path)	在指定路径 path 中创建或覆盖文件
Delete(String path)	删除指定路径 path 中的文件
Exists(String path)	确定指定的文件是否存在。如果存在，返回 true；否则返回 false
GetAttributes(String path)	获取在 path 路径上的文件的 FileAttributes
Move(String sourceFileName, String destFileName)	将指定文件 sourceFileName 移到新位置 destFileName
Open(String path, FileMode mode)	打开指定路径 path 上的 FileStream，具有读/写访问权限
ReadAllLines(String path)	打开指定路径 path 上的文本文件，读取文件的所有行，然后关闭该文件
ReadAllLines(String path, Encoding encoding)	打开指定路径 path 上的文件，使用指定的编码 encoding 读取文件的所有行，然后关闭该文件
WriteAllLines(String path, String[] contents)	在 path 路径上创建一个新文件，在其中写入指定的字符串数组 contents，然后关闭该文件
WriteAllLines(String path, String[], Encoding encoding)	在 path 路径上创建一个新文件，使用指定的编码 encoding 在其中写入指定的字符串数组 contents，然后关闭该文件
WriteAllText (String path, String contents)	在 path 路径上创建一个新文件，在其中写入指定的字符串 contents，然后关闭文件。如果目标文件已存在，则覆盖该文件
WriteAllText (String path, String contents, Encoding encoding)	在 path 路径上创建一个新文件，使用指定的编码 encoding 在其中写入指定的字符串 contents，然后关闭文件。如果目标文件已存在，则覆盖该文件

（1）文件打开方法：File.Open()

下面的代码打开存放在"D:\Example"目录下名为"e1.txt"的文件，并在该文件中写入"hello"。

```
FileStream TextFile=File.Open(@"D:\Example\e1.txt",FileMode.Append);
byte [] Info={(byte)'h',(byte)'e',(byte)'l',(byte)'l',(byte)'o'};
TextFile.Write(Info,0,Info.Length);
TextFile.Close();
```

(2) 文件创建方法：File.Create()

下面的代码演示如何在"D:\Example"下创建名为"e1.txt"的文件。

```
FileStream NewText=File.Create(@"D:\Example\e1.txt");
NewText.Close();
```

(3) 文件删除方法：File.Delete()

下面的代码演示如何删除"D:\Example"目录下名为"e1.txt"的文件。

```
File.Delete(@"D:\Example\e1.txt");
```

(4) 文件复制方法：File.Copy()

下面的代码将"D:\Example\e1.txt"复制到"D:\Example\e2.txt"。由于 Copy()方法的第二个参数 OverWrite 设为 true，所以如果"e2.txt"文件已存在，将会被复制过去的文件所覆盖。

```
File.Copy(@"D:\Example\e1.txt",@"D:\Example\e2.txt",true);
```

(5) 文件移动方法：File.Move()

下面的代码可以将"D:\Example"下名为"e1.txt"的文件移动到 D 盘根目录下。

注意：只能在同一个逻辑盘下进行文件转移。如果试图将 D 盘下的文件转移到 C 盘，将发生错误。

```
File.Move(@"D:\Example\BackUp.txt",@"D:\BackUp.txt");
```

(6) 设置文件属性方法：File.SetAttributes()

下面的代码可以设置文件"D:\Example\e1.txt"的属性为只读、隐藏。

```
File.SetAttributes(@"D:\Example\e1.txt", FileAttributes.ReadOnly|
                   FileAttributes.Hidden);
```

文件除了常用的只读和隐藏属性外，还有 Archive（文件存档状态）、System（系统文件）、Temporary（临时文件）等。

(7) 判断文件是否存在的方法：File.Exist()

下面的代码判断指定的"D:\Example\e1.txt"文件是否存在。

```
if(File.Exists(@"D:\Example\e1.txt"))//判断文件是否存在
{…}//处理代码
```

(8) 把字符写入和读出文件的方法：File.WriteAllLines、File.ReadAllLines

下面的代码演示在"D:\Example\"文件夹下新建名为"e2.txt"的文件，并写入和读出字符。

```
string path=@" D:\Example\e2.txt";
//新建文件并写入字符
```

```
if(!File.Exists(path))
{
    //该方法写入字符数组换行显示
    string[] createText={"Hello", "And", "Welcome", "第四行"};
    File.WriteAllLines(path, createText);
}
//写入字符
string appendText="This is extra text" + Environment.NewLine;
File.AppendAllText(path, appendText);
//打开文件并把文件的内容读出到字符串数组 readText 中
string[] readText=File.ReadAllLines(path);
```

【例8.6】将位于 "D:\test.txt" 下的文件复制到 "D:\newTest.txt" 下，在控制台输出文件内容并删除源文件。

程序代码如下：

```
using System;
using System.Text;
using System.IO;
class Program
{
    public static void Main()
    {
        string sourcePath=@"D:\test.txt";
        string destPath=@"D:\newTest.txt";
        //如果源文件存在
        if(File.Exists(sourcePath))
        {
            //复制文件到新的路径
            File.Copy(sourcePath, destPath);
            //输出文件内容
            string[] strArry=File.ReadAllLines(sourcePath);
            foreach(string str in strArry)
            {
                Console.WriteLine(str);
            }
            //删除源文件
            File.Delete(sourcePath);
        }
    }
}
```

【例8.7】创建一个文件"D:\MyTest.txt"并写入两行文本,第一行为"Hello",第二行为"World",然后在控制台打印输出文件内容。如果文件已存在,则直接在控制台打印输出文件内容。

程序代码如下:

```
using System;
using System.IO;
using System.Text;
class Program
{
    public static void Main()
    {
        string path=@"D:\MyTest.txt";
        if(!File.Exists(path))
        {
            //创建文件并写入指定内容
            string createText="Hello" + Environment.NewLine + "World";
            File.WriteAllText(path, createText);
        }
        //输出文件内容
        string readText=File.ReadAllText(path);
        Console.WriteLine(readText);
    }
}
```

2. FileInfo 类

FileInfo 类用于复制、移动、重命名、创建、打开、删除和追加到文件等操作。FileInfo 的构造函数如下:

```
public FileInfo(String fileName);
```

其中,fileName 是文件的完全限定名或相对文件名,注意路径不要以目录分隔符结尾。例如,打开当前路径下的"temp.txt"文件,代码如下:

```
FileInfo fi=new FileInfo("temp.txt");
```

常用的 FileInfo 类属性和方法如表 8-5 和表 8-6 所示。

表 8-5　常用的 FileInfo 类属性

属性	说明
Attributes	获取或设置当前文件或目录的特性
CreationTime	获取或设置当前文件或目录的创建时间
Directory	获取父目录的实例
DirectoryName	获取表示目录的完整路径的字符串
Exists	获取指示文件是否存在的值
Length	获取当前文件的大小（字节）
Name	获取文件名

表 8-6　常用的 FileInfo 类方法

方法	说明
CopyTo(String destFileName)	将现有文件复制到新文件 destFileName，不允许覆盖现有文件
CopyTo(String destFileName, Boolean overwrite)	将现有文件复制到新文件，若 overwrite 为 true，则允许覆盖现有文件；否则为 false
Create()	创建文件
Delete()	永久删除文件
MoveTo(String destFileName)	将指定文件移到新位置 destFileName（可以修改文件名）
Open(FileMode mode)	在指定的模式 mode 下打开文件
Open(FileMode mode, FileAccess access)	用读、写或读/写访问权限 access 在指定模式 mode 下打开文件

其中，枚举类型 FileMode 参数 mode 是创建模式；枚举类型 FileAccess 参数 access 是读/写权限。FileMode 和 FileAccess 成员如表 8-7 和表 8-8 所示。

表 8-7　FileMode 成员

成员名称	说明
CreateNew	指定操作系统应创建新文件。如果文件已存在，则将引发异常
Create	指定操作系统应创建新文件。如果文件已存在，它将被覆盖。FileMode.Create 等效于如下请求：如果文件不存在，则使用 CreateNew；否则使用 Truncate。如果该文件已存在但为隐藏文件，则将引发异常
Open	指定操作系统应打开现有文件。如果文件不存在，引发异常
OpenOrCreate	指定操作系统应打开文件（如果文件存在）；否则，应创建新文件
Truncate	指定操作系统应打开现有文件。该文件被打开时，将被截断为零字节大小。尝试从使用 FileMode.Truncate 打开的文件中进行读取将导致异常
Append	若存在文件，则打开该文件并查找到文件尾，或者创建一个新文件。FileMode.Append 只能与 FileAccess.Write 一起使用。试图查找文件尾之前的位置时会引发异常，并且任何试图读取的操作都会失败并引发异常

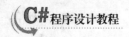

表 8-8 FileAccess 成员

成员名称	说明
Read	对文件的读访问，可从文件中读取数据。与 Write 组合可以进行读写访问
Write	文件的写访问，可将数据写入文件。与 Read 组合可以进行读写访问
ReadWrite	对文件的读访问和写访问，可从文件读取数据和将数据写入文件

【例 8.8】在当前路径下创建 "temp.txt"，然后删除该文件。

程序代码如下：

```
using System;
using System.IO;
public class Program
{
    public static void Main()
    {
        //创建文件引用
        FileInfo fi=new FileInfo("temp.txt");
        //创建文件
        FileStream fs=fi.Create();
        //关闭文件
        fs.Close();
        //删除文件
        fi.Delete();
    }
}
```

【例 8.9】输出文件 "D:\temp.txt" 的路径。

程序代码如下：

```
using System;
using System.IO;
public class Program
{
    public static void Main()
    {
        string fileName=@"D:\temp.txt";
        //创建 FileInfo 对象
        FileInfo fileInfo=new FileInfo(fileName);
        if (!fileInfo.Exists)
        {
```

```
        return;
    }
    // 输出路径
    Console.WriteLine("{0} has a directoryName of {1}",
        fileName, fileInfo.DirectoryName);
}
```

8.2 流

8.2.1 FileStream 类

在 C#中可以使用 FileStream 类对文件系统上的文件进行读取、写入、打开和关闭操作，并对其他与文件相关的操作系统句柄进行操作，如管道、标准输入和标准输出。FileStream 类可以指定读写操作是同步还是异步。FileStream 类对输入输出进行缓冲以获得更好的性能。

FileStream 类的构造函数提供了 15 种重载，比较常用的有 2 种，如表 8-9 所示。

表 8-9 常用的 FileStream 类构造函数

构造函数	说明
FileStream(String path, FileMode mode)	使用指定的路径 path 和创建模式 mode 初始化 FileStream 类的新实例
FileStream(String path, FileMode mode, FileAccess access)	使用指定的路径 path、创建模式 mode 和读/写权限 access 初始化 FileStream 类的新实例

例如，使用 FileStream 类在 D 盘创建一个名为"a.txt"的文件，需要创建一个 FileStream 对象，创建模式是新建（FileMode.Create），文件的访问模式是写入（Fileaccess.Write），代码如下：

```
FileStream fs = new FileStream(@"D:\a.txt", FileMode.Create,
                    FileAccess.Write);
```

常用的 FileStream 类属性和方法如表 8-10 和表 8-11 所示。

表 8-10 常用的 FileStream 类属性

属性	说明
CanRead	获取一个值，该值指示当前流是否支持读取。获取一个值，该值指示当前流是否支持读取
CanSeek	获取一个值，该值指示当前流是否支持查找

续表

属性	说明
CanWrite	获取一个值，该值指示当前流是否支持写入
Length	获取用字节表示的流长度
Name	获取传递给构造函数的 FileStream 的名称
Position	获取或设置此流的当前位置

表 8-11 常用的 FileStream 类方法

方法	说明
Close()	关闭当前流并释放与之关联的所有资源
Flush()	清除此流的缓冲区，使所有缓冲的数据都写入文件中
Read(Byte[] array, Int32 offset, Int32 count)	从流中读取最多 count 个字节并将该数据写入给定缓冲区 array 的 offset 至(offset + count −1)之间
Seek (Int64 offset, SeekOrigin origin)	将该流的当前位置设置为相对于 origin 偏移 offset 的值。SeekOrigin 是枚举类型，包括 Begin、Current 和 End
Write(Byte[] array, Int32 offset, Int32 count)	将 array 中从 offset 开始的最多 count 个字节写入文件流

【例 8.10】使用 FileStream 类对象读取文件 "D:\source.txt" 的内容，并将其写入 "D:\newfile.txt"。

程序代码如下：

```
using System;
using System.IO;
class Program
{
    public static void Main()
    {
        string pathSource=@"D:\source.txt";
        string pathNew=@"D:\newfile.txt";
        try
        {
            FileStream fsSource=new FileStream(pathSource,
                        FileMode. Open, FileAccess.Read);
            // 创建作为缓冲区的字节数组,获取文件长度,设置偏移量(读入数组的位置)
            // 为零
            byte[] bytes=new byte[fsSource.Length];
            int numBytesToRead=(int)fsSource.Length;
            int numBytesRead=0;
            while(numBytesToRead>0)
            {
```

```
            // 将文件读入缓冲区
            int n=fsSource.Read(bytes, numBytesRead, numBytesToRead);
            // 当到达文件末尾的时候,跳出 while 循环
            if(n==0)
                break;
            // 修改偏移量
            numBytesRead+=n;
            numBytesToRead-=n;
        }
        fsSource.Close();
        numBytesToRead=bytes.Length;
        // 将缓冲区中的内容写入新文件
        FileStream fsNew=new FileStream(pathNew, FileMode.Create,
                                    FileAccess.Write);
        fsNew.Write(bytes, 0, numBytesToRead);
        fsNew.Close();
    }
    catch(FileNotFoundException ioEx)
    {
        Console.WriteLine(ioEx.Message);
    }
}
```

8.2.2 文本文件的读写

对于文件最常用的操作就是读取和写入两类。C#提供了两个专门负责文本文件读取和写入操作的类,即 StreamReader 类和 StreamWriter 类。StreamReader 类负责从文件中读取文本数据,StreamWriter 类负责按文本模式向文件中写入数据。

1. StreamReader 类

StreamReader 类读取文本文件。常用的 StreamReader 类构造函数如表 8-12 所示。

表 8-12 常用的 StreamReader 类构造函数

构造函数	说明
StreamReader(String filePath)	为指定的文件名初始化 StreamReader 类的新实例
StreamReader(String filePath, Encoding encoding)	用指定的字符编码,为指定的文件名初始化 StreamReader 类的一个新实例

其中,filePath 是文件的路径;encoding 是要使用的字符编码。

例如,创建一个 StreamReader 对象,读取文件名为"a.txt"中的文件内容,代码如下:

```
StreamReader sr=new StreamReader("a.txt");
```

常用的 StreamReader 类方法如表 8-13 所示。

表 8-13 常用的 StreamReader 类方法

方法	说明
Close()	关闭 StreamReader 对象和基础流,并释放与读取器关联的所有系统资源
Peek()	返回下一个可用的字符,但不使用它
Read()	读取输入流中的下一个字符并使该字符的位置+1
ReadLine()	从当前流中读取一行字符并将数据作为字符串返回
ReadToEnd()	从流的当前位置到末尾读取所有字符

(1) ReadLine()

使用 ReadLine()方法从文件中读取文本。这个方法读取回车符之前的文本,并以字符串的形式返回结果文本。当到达文件尾时,该方法就返回空值,通过这种方法可以测试文件是否已到达尾部。

【例 8.11】使用 FileStream 打开"D:\source.txt"文件,用 StreamReader 读取文件的内容并在控制台打印读取的内容。

程序代码如下:

```
static void Main(string[] args)
{
    try
    {
        FileStream aFile=new FileStream(@"D:\source.txt",FileMode.Open);
        StreamReader sr=new StreamReader(aFile);
        string strLine=sr.ReadLine();
        while(strLine!=null)
        {
            Console.WriteLine(strLine);
            strLine=sr.ReadLine();
        }
        sr.Close();
    }
    catch(IOException ex)
    {
```

```
        Console.WriteLine(ex.Message);
        Console.ReadLine();
        return ;
    }
    Console.ReadKey();
}
```

注意：使用 while 循环时，要在执行循环体的代码之前进行检查，确保读取的行不为空，这样就只显示文件的有效内容。

（2）Read()

此方法每次读取一个字符，返回的是代表这个字符的一个正数，当读到文件末尾时返回的是-1。使用 Convert 实用类可以把这个值转换为字符。在例 8.11 中，程序的主体可以按如下方式编写：

```
StreamReader sr=new StreamReader(aFile);
int nChar;
nChar=sr.Read();
while(nChar!=-1)
{
   Console.Write(Convert.ToChar(nChar));
   nChar=sr.Read();
}
sr.Close();
```

对于小型文件，可以使用 ReadToEnd()方法。此方法读取整个文件，并将其作为字符串返回。在此，例 8.11 应用程序可以简化为

```
StreamReader sr=new StreamReader(aFile);
strLine=sr.ReadToEnd();
Console.WriteLine(strLine);
sr.Close();
```

当数据文件非常大，会占用非常大的内存时，应禁止使用 ReadToEnd()。

2. StreamWriter 类

StreamWriter 类以一种特定的编码输出字符，除非指定了其他编码，否则默认使用 UTF8Encoding 的实例。常用的 StreamWriter 类构造函数如表 8-14 所示。其中，path 是文件的路径；append 为 true 表示追加数据到文件中，为 false 表示覆盖文件，如果指定的文件不存在，该参数无效，且构造函数将创建一个新文件；encoding 表示所使用的

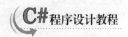

字符编码。

表 8-14 常用的 StreamWriter 类构造函数

构造函数	说明
StreamWriter(String path)	用默认编码和缓冲区大小,为指定的文件初始化 StreamWriter 类的一个新实例
StreamWriter(String path, Boolean append)	用默认编码和缓冲区大小,为指定的文件初始化 StreamWriter 类的一个新实例。如果该文件存在,则可以将其覆盖或向其追加。如果该文件不存在,则此构造函数将创建一个新文件
StreamWriter(String path, Boolean append, Encoding encoding)	用指定的编码和默认缓冲区大小,为指定的文件初始化 StreamWriter 类的一个新实例。如果该文件存在,则可以将其覆盖或向其追加。 如果该文件不存在,则此构造函数将创建一个新文件

例如,创建一个 StreamWriter 对象,文件名为"a.txt",使用 UTF8 编码将数据追加到文件中,代码如下:

```
StreamWriter sw=new StreamWriter("a.txt", true, System.Text.
                        Encoding.UTF8);
```

StreamWriter 类为文件输入提供了丰富的方法。常用的 StreamWriter 类方法如表 8-15 所示。

表 8-15 常用的 StreamWriter 类方法

方法	说明
Close()	关闭当前的 StreamWriter 对象和基础流
Flush()	清理当前编写器的所有缓冲区,并使所有缓冲数据写入基础流
Write(Char char)	将字符 char 写入流
Write(Char[] buffer)	将字符数组 buffer 写入流
Write(String str)	将字符串 str 写入流
Write(Double value)	将 8 字节浮点值 value 的文本表示形式写入文本字符串或流
Write(Single value)	将 4 字节浮点值 value 的文本表示形式写入文本字符串或流
Write(Int32 value)	将 4 字节有符合整数 value 的文本表示形式写入文本字符串或流
WriteLine(Char char)	将后跟行结束符的字符 char 写入流
WriteLine(Char[] buffer)	将后跟行结束符的字符数组 buffer 写入流
WriteLine (String str)	将后跟行结束符的字符串 str 写入流
WriteLine (Double value)	将后跟行结束符的 8 字节浮点值 value 的文本表示形式写入文本字符串或流
WriteLine (Single value)	将后跟行结束符的 4 字节浮点值 value 的文本表示形式写入文本字符串或流
WriteLine (Int32 value)	将后跟行结束符的 4 字节有符合整数 value 的文本表示形式写入文本字符串或流

【例 8.12】使用 StreamWriter 对象写入一个列出 D 盘上目录的文件，文件名为"DDriveDirs.txt"。

程序代码如下：

```csharp
using System;
using System.Collections.Generic;
using System.Linq;
using System.Text;
using System.IO;
class Program
{
    static void Main(string[] args)
    {
        //获取 C 盘目录信息
        DirectoryInfo[] dDirs=new DirectoryInfo(@"D:\").
                             GetDirectories();
        //将每一个文件名写入文件中
        StreamWriter sw=new StreamWriter("DDriveDirs.txt");
        foreach(DirectoryInfo dir in dDirs)
        {
            sw.WriteLine(dir.Name);
        }
        sw.Close();
    }
}
```

【例 8.13】使用 StreamWriter 对象在"D:\MyTest.txt"中写入"Hello"，使用 StreamReader 对象读取该文件中的内容并在控制台中输出。

程序代码如下：

```csharp
using System;
using System.IO;
class Program
{
    public static void Main()
    {
        string path=@"D:\MyTest.txt";
        try
        {
            //如果文件已存在,删除该文件
            if(File.Exists(path))
```

```csharp
        {
            File.Delete(path);
        }
        StreamWriter sw=new StreamWriter(path);
        //按行写入
        sw.WriteLine("Hello");
        sw.Close();
        StreamReader sr=new StreamReader(path);
        //使用Peek()方法判断是否已经读取到文件末尾
        while(sr.Peek()>=0)
        {
            Console.WriteLine(sr.ReadLine());
        }
        sr.Close();
    }
    catch(Exception e)
    {
        Console.WriteLine("The process failed:{0}", e.ToString());
    }
}
```

8.2.3 二进制文件的读写

System.IO 提供了 BinaryWriter 类和 BinartReader 类，用于二进制模式读写文件。

1. BinaryWriter 类

BinaryWriter 类以二进制形式将基元类型数据写入流，并支持用特定的编码写入字符串。常用的 BinaryWriter 类方法如表 8-16 所示。

表 8-16 常用的 BinaryWriter 类方法

方法	说明
Write()	将值写入流，有很多重载版本，适用于不同的数据类型
Flush()	清除缓存区
Close()	关闭数据流

【例 8.14】使用 BinaryWriter 类将二进制数据写入文件。

程序代码如下：

```csharp
using System.IO;
```

```
using System.Text;
class Program
{
    static void Main(string[]args)
    {
        FileStream fs;  //声明 FileStream 对象
        try
        {
            //初始化 FileStream 对象
            fs=new FileStream(@"D:\tst2.dat", FileMode.Create);
            //创建 BinaryWriter 对象
            BinaryWriter bw=new BinaryWriter(fs);
            //写入文件
            bw.Write('a');
            bw.Write(123);
            bw.Write(456.789);
            bw.Write("Hello World!");
            Console.WriteLine("成功写入");
            bw.Close();  //关闭 BinaryWriter 对象
            fs.Close();  //关闭文件流
        }
        catch(IOException ex)
        {
            Console.WriteLine(ex.Message);
        }
    }
}
```

2. BinartReader 类

BinartReader 类用特定的编码将基元数据类型读作二进制值。常用的 BinartReader 类方法如表 8-17 所示。

表 8-17 常用的 BinartReader 类方法

方法	说明
Close()	关闭 BinaryReader 对象
Read()	从指定流读取数据，并将指针迁移，指向下一个字符
ReadDecimal()	从指定流读取一个十进制数值，并将在流中的位置向前移动 16 字节
ReadByte()	从指定流读取 1 字节，并将在流中的位置向前移动 1 字节

续表

方法	说明
ReadInt16()	从指定流读取 2 字节带符号整数值,并将在流中的位置向前移动 2 字节
ReadInt32()	从指定流读取 2 字节带符号整数值,并将在流中的位置向前移动 2 字节
ReadString()	从当前流中读取一个字符串

【例 8.15】使用 BinartReader 类读取例 8.14 建立的二进制文件数据。

```
static void Main(string[] args)
{
    string path=@"D:\tst2.dat";
    FileStream fs=new FileStream(path, FileMode.Open, FileAccess.Read);
    BinaryReader br=new BinaryReader(fs);
    char cha;
    int num;
    double doub;
    string str;
    try
    {
        while(br.PeekChar()!=-1)
        {
            cha=br.ReadChar();
            num=br.ReadInt32();
            doub=br.ReadDouble();
            str=br.ReadString();
            Console.WriteLine("{0},{1},{2},{3}", cha, num, doub, str);
        }
        br.Close();   //关闭 BinaryWriter 对象
        fs.Close();   //关闭文件流
    }
    catch(EndOfStreamException e)
    {
        Console.WriteLine(e.Message);
        Console.WriteLine("已经读到末尾");
    }
    finally
    {
        Console.ReadKey();
    }
}
```

习 题

1. 编写一控制台程序,完成以下操作:
1) 在 D 盘新建 TEST 目录,在"D:\TEST"下新建 dir1、dir2、dir3 目录。
2) 设置 dir3 目录的属性为只读、隐藏。
3) 删除 dir2。

2. 编写一控制台程序,在 D 盘创建一个名为"Test1.txt"的文件并写入两行文本,第一行为"This is Console",第二行为"Of C# File",然后打印输出文件内容。如果文件已存在,则直接打印输出文件内容。

3. 编写一控制台程序,将"D:\Test1.txt"文件复制为"D:\Test2.txt",将"D:\Test1.txt"文件移动到"D:\Test3.txt",判断"D:\Test2.txt"是否存在,若存在将其删除。

4. 创建一个窗体应用程序,在窗体上放置两个文本框和两个命令按钮,设置文本框的 Multiline 属性为 true,并在第一个文本框内输入如下内容:

沁园春·雪

——毛泽东

北国风光,千里冰封,万里雪飘。
望长城内外,惟余莽莽;大河上下,顿失滔滔。
山舞银蛇,原驰蜡象,欲与天公试比高。
须晴日,看红装素裹,分外妖娆。

江山如此多娇,引无数英雄竞折腰。
惜秦皇汉武,略输文采;唐宗宋祖,稍逊风骚。
一代天骄,成吉思汗,只识弯弓射大雕。
俱往矣,数风流人物,还看今朝。

窗口界面如图 8-1 所示,当单击"写文件"按钮时,把文本框 1 的诗词写入"D:\hello\shici.txt",当单击"读文件"按钮时,把"D:\hello\shici.txt"的内容读入文本框 2。

图 8-1 习题 4 用图

5. 编写一控制台程序，在 D 盘创建一个名为"bin.dat"的文件，并且写入如下数据类型的数据：

```
double aDouble=1234.67;
int anInt=34567;
char[] aCharArray={'A', 'B', 'C'};
```

打开该文件，用 BinaryReader 读出数据并在控制台打印输出。

第9章 数据库应用开发

ADO.NET 提供对诸如 SQL Server 和 XML 这样的数据源及通过 OLE DB 和 ODBC 公开的数据源的一致访问。共享数据的使用方应用程序可以使用 ADO.NET 连接到这些数据源，并可以检索、处理和更新其中包含的数据。

ADO.NET 通过数据处理将数据访问分解为多个可以单独使用的不连续组件。ADO.NET 包含用于连接到数据库、执行命令和检索结果的.NET Framework 数据提供程序。这些结果或者被直接处理，放在 ADO.NET DataSet 对象中以便以特别的方式向用户公开，并与来自多个源的数据组合；或者在层之间传递。DataSet 对象也可以独立于.NET Framework 数据提供程序，用于管理应用程序本地的数据或源自 XML 的数据。

9.1 在数据集设计器中创建连接

新建一个 Windows 窗体项目，在窗体设计界面中选择"项目"→"添加新数据源"命令，弹出"数据源配置向导"对话框。以从数据库创建数据源为例在"数据源配置向导"对话框中依次选择"数据库"→"数据集"→"新建连接"→"Microsoft SQL Server"选项，弹出"添加连接"对话框，依次填入数据源的服务器信息、身份验证信息及数据源，单击"确定"按钮，如图 9-1 所示。

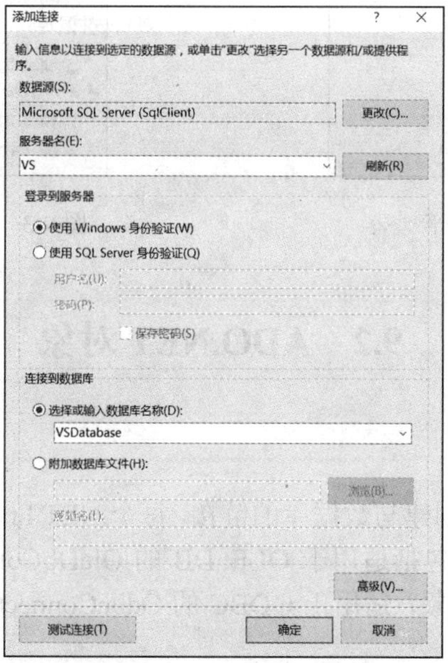

图 9-1 添加连接

上述操作将产生一个值为"Data Source=VS;Initial Catalog=VSDatabase;Integrated Security=True"的连接字符串，保存在解决方案的"Settings.settings"中，可以在解决方案资源管理器中查看连接字符串。编码时，可通过"Settings.Default.VSDatabase ConnectionString"进行引用，此时需要在代码中添加命名空间"项目名.Properties"。如果不使用上述图形界面创建连接，也可以直接在代码中使用连接字符串实现数据库连接。连接字符串中的"VS"和"VSDatabase"分别是服务器名和数据库名，可根据需要修改。

创建连接成功后，可以在服务器资源管理器中找到相应的连接，如图9-2所示。解决方案资源管理器中会出现名为"VSDatabaseDataSet.xsd"的文件，双击可以打开数据集编辑器。可以通过工具箱对数据源进行管理，也可以通过将项从数据源窗口拖到WPF设计器、Windows窗体设计器或组件设计器来创建数据绑定控件。工具箱和数据源窗口如图9-3所示。

图9-2 服务器资源管理器

图9-3 工具箱和数据源窗口

9.2 ADO.NET 对象

9.2.1 Connection 对象

Connection 对象用于创建与数据库的链接，每个.NET Framework 数据提供程序都具有一个 Connection 对象，包括适用于 OLE DB 的 OleDbConnection 对象，适用于 SQL Server 的 SqlConnection 对象，适用于 ODBC 的 OdbcConnection 对象，适用于 Oracle 的 OracleConnection 对象。

以 SqlConnection 为例，SqlConnection 类构造函数如表9-1所示。

表 9-1 SqlConnection 类构造函数

构造函数	说明
SqlConnection()	初始化 SqlConnection 类的新实例
SqlConnection(String connectionString)	使用给定包含连接字符串的字符串初始化 SqlConnection 类的新实例

常用的 SqlConnection 类属性和方法如表 9-2 和表 9-3 所示。

表 9-2 常用的 SqlConnection 类属性

常用属性	说明
ConnectionString	获取或设置用于打开 SQL Server 数据库的字符串
Database	获取当前数据库或连接打开后要使用的数据库的名称
DataSource	获取 SQL Server 数据库服务器的名称

表 9-3 常用的 SqlConnection 类方法

方法	说明
ChangeDatabase(String database)	为打开的 SqlConnection 更改当前数据库
Close()	关闭与数据库的连接
CreateCommand()	创建并返回一个与 SqlConnection 关联的 SqlCommand 对象
Open()	使用 ConnectionString 所指定的属性设置打开数据库连接

（1）修改当前数据库：ChangeDatabase()

下面的代码演示将当前数据库改为 "VS"。

```
connection.ChangeDatabase("VS");
```

（2）关闭数据库连接：Close()

下面的代码演示关闭当前的数据库连接。

```
connection.Close();
```

（3）创建并返回一个与 SqlConnection 关联的 SqlCommand 对象：CreateCommand()

下面的代码演示使用已有的 SqlConnection 对象创建一个 SqlCommand 对象。

```
SqlCommand command=connection.CreateCommand();
```

（4）打开数据库连接：Open()

下面的代码演示打开数据库连接。

```
connection.Open();
```

9.2.2 Command 对象

建立与数据源的连接后，可以使用 Command 对象来执行命令并从数据源中返回结果。Command 对象通过使用命令构造函数创建命令。每个.NET Framework 数据提供程序都具有一个 Command 对象,包括适用于 OLE DB 的 OleDbCommand 对象,适用于 SQL Server 的 SqlCommand 对象,适用于 ODBC 的 OdbcCommand 对象,适用于 Oracle 的 OracleCommand 对象。

以 SqlCommand 对象为例,SqlCommand 类构造函数如表 9-4 所示。

表 9-4 SqlCommand 类构造函数

构造函数	说明
SqlCommand()	初始化 SqlCommand 类的新实例
SqlCommand(String cmdText)	用查询文本 cmdText 初始化 SqlCommand 类的新实例
SqlCommand(String cmdText, SqlConnection connection)	初始化具有查询文本 cmdText 和 SqlConnection 的 SqlCommand 类的新实例,其中 SqlConnection 为与 SQL Server 数据库的连接

例如,可以使用下列代码创建 SqlCommand 对象,并同时传入查询文本和所使用的数据库连接:

```
public void CreateCommand(SqlConnection con)
{
    string queryString="SELECT * FROM Table_1";
    SqlCommand command=new SqlCommand(queryString, con);
}
```

该代码可以创建一个返回 Table_1 中所有数据的查询语句。

常用的 SqlCommand 类属性如表 9-5 所示。

表 9-5 常用的 SqlCommand 类属性

常用属性	说明
CommandText	获取或设置要对数据源执行的 Transact-SQL 语句、表名或存储过程
Connection	获取或设置 SqlCommand 的此实例使用的 SqlConnection 对象

(1) 利用 CommandText 属性修改要执行的 Transact-SQL 语句

下面的代码演示输出当前的 Transact-SQL 语句,并将其改为"SELECT * FROM Table1"。

```
Console.WriteLine(command.CommandText);
command.CommandText="SELECT*FROM Table1";
```

(2) 创建一个 SqlCommand 对象并设置其使用的 SqlConnection 对象

下面的代码演示创建一个 SqlCommand 对象并设置其使用的 SqlConnection 对象。

```
SqlCommand command=new SqlCommand();
command.Connection=connection;
```

SqlCommand 类最常用的方法是 ExecuteReader()，该方法用于生成一个 SqlDataReader 并利用 SqlDataReader 实现对数据库数据的读取。例如：

```
SqlCommand command=new SqlCommand(queryString, connection);
SqlDataReader reader=command.ExecuteReader();
```

9.2.3 DataColumn 对象和 DataRow 对象

DataColumn 对象是用于创建 DataTable 结构的基本构造块，用于描述表格中的列。通过向 DataColumnCollection 中添加一个或多个 DataColumn 对象可以生成一个完整的表格结构。

常用的 DataColumn 类构造函数如表 9-6 所示。

表 9-6 常用的 DataColumn 类构造函数

构造函数	说明
DataColumn()	将 DataColumn 类的新实例初始化为类型字符串
DataColumn(String name)	使用指定的列名称 name 将 DataColumn 类的新实例初始化为类型字符串
DataColumn(String name, Type dataType)	使用指定列名称和数据类型初始化 DataColumn 类的新实例

例如，下列代码演示创建一个名为"name"的列，数据类型是"string"：

```
DataColumn name=new DataColumn("name", typeof(string));
```

【例 9.1】为一个 DataTabel 对象创建一个列，列名为"id"，类型为"System.Int32"。程序代码如下：

```
private void AddDataColumn(DataTable table)
{
    //使用指定列名的构造函数
    DataColumn column=new DataColumn("id");
    //设置类型
    column.DataType=System.Type.GetType("System.Int32");
    //添加到表格中
    table.Columns.Add(column);
}
```

表格的数据以行的形式添加到表格中。要添加新行，可使用 DataRow 对象。调用 DataTable 对象的 NewRow()方法，将返回新的 DataRow 对象。然后，DataTable 会根据表结构创建 DataRow 对象。

例如，下面的代码通过调用 NewRow()方法在表创建新行。

```
DataRow workRow=table.NewRow();
```

注意：不能使用 DataRow dr=new DataRow() 实例化一个 DataRow 对象，因为 DataRow 对象总是和特定的表格结构相关的，这个表格结构需要通过 DataTable 对象确定。

【例9.2】创建一个药品价格表，表格中有两列，第一列是药名，第二列是价格。在表格中添加两种药品信息，并更新到数据库中。

程序代码如下：

```csharp
public void CreateTable()
{
    SqlConnection connection=new SqlConnection (Settings.Default.
                    VSDatabaseConnectionString);
    connection.Open();
    //创建表格
    DataTable dt=new DataTable();
    //添加列
    dt.Columns.Add("Name", typeof(string));
    //数据类型为string
    //通过列架构添加列
    DataColumn price=new DataColumn("Price", typeof(float));
    //数据类型为float
    dt.Columns.Add(price);
    //添加数据行
    DataRow dr=dt.NewRow();
    dr[0]="阿司匹林肠溶片";
    dr[1]=14.00;
    dt.Rows.Add(dr);
    //通过行框架添加
    dt.Rows.Add("吉非替尼片", 2500.00);
    //写入数据库
    SqlBulkCopy bcp=new SqlBulkCopy(connection);
    bcp.DestinationTableName="Pharmaceutical";
    bcp.WriteToServer(dt);
    connection.Close();
}
```

上述代码给出了两种不同的添加数据方式。一种方式是实例化一个 DataRow 对象，使用数组的形式对该对象中的数据进行填充，数组各个元素对应于表格的各个列。另一种方式是直接使用表格的 Rows 属性返回 DataRow 对象的集合，并使用该集合的 Add() 方法直接向表格添加数据。Add() 方法中的各个参数与表格的各个列对应。

如果要将内存中 dt 的数据写入数据库，需要使用 SqlBulkCopy 对象的 WriteToServer() 方法，使用该方法前需要设置写入的数据库表的名称，如上述代码中的"bcp.Destination

TableName="Pharmaceutical""设置了把数据写入表 Pharmaceutical 中。注意,数据库中必须已经存在这个表格。

9.2.4 DataReader 对象

从数据库中读取数据需要使用 DataReader 对象。每个.NET Framework 数据提供程序都具有一个 DataReader 对象,包括适用于 OLE DB 的 OleDbDataReader 对象,适用于 SQL Server 的 SqlDataReader 对象,适用于 ODBC 的 OdbcDataReader 对象,适用于 Oracle 的 OracleDataReader 对象。以 SqlDataReader 为例,若要创建 SqlDataReader,必须调用 SqlCommand 对象的 ExecuteReader()方法,而不要直接使用构造函数。例如:

```
SqlCommand command=new SqlCommand(queryString, connection);
SqlDataReader reader=command.ExecuteReader();
```

常用的 SqlDataReader 类方法如表 9-7 所示。

表 9-7 常用的 SqlDataReader 类方法

方法	说明
Close()	关闭 SqlDataReader 实例
NextResult()	当读取批处理 Transact-SQL 语句的结果时,使数据读取器前进到下一个结果
Read()	使 SqlDataReader 前进到下一条记录

(1)关闭一个 SqlDataReader 实例:Close()

下面的代码演示关闭一个打开的 SqlDataReader 实例。

```
reader.Close();
```

(2)读取返回的结果集中的下一个结果:NextResult()

下面的代码利用 NextResult()方法结合 do…while 循环输出返回的结果集。

注意:ExecuteReader 返回的结果集可能包含多个表格,此时可以使用 NextResult()方法逐一访问这些表格。

```
Do
{
    //判断表格是否为空
    if(!reader.HasRows)
    {
        Console.WriteLine("Empty DataTableReader");
    }
    else
    {
        //输出每一行记录
```

```
        while (reader.Read())
        {
            for(int i=0; i<reader.FieldCount; i++)
            {
                Console.Write(reader[i] + " ");
            }
            Console.WriteLine();
        }
        Console.WriteLine("=========================");
} while (reader.NextResult()); // 如果结果集中还有没有输出的表格,继续输出
```

（3）读取结果集中的下一条记录：Read()

下面的代码演示使用 Read()方法配合 while 循环读取数据集中的所有记录并输出，假设所读取的表格只有一列。

```
SqlDataReader reader=command.ExecuteReader();
while(reader.Read())
{
    Console.WriteLine(String.Format("{0}", reader[0]));
}
```

注意：Read()方法只读取一个表格中的行，如果结果集中包含其他表格，需要使用 NextResult()方法逐一访问这些表格。

【例 9.3】读取在例 9.2 中写入数据库的表格，在控制台中输出表格的内容。

程序代码如下：

```
using Proj9.3.Properties;//Proj9.3是项目名
using System;
using System.Data.Salllient;
class Program
{
    static void Main(string[] args)
    {
        //创建链接并设置待执行的 Transact-SQL 语句
        SqlConnection connection=new SqlConnection(Settings.Default.
                        VSDatabaseConnectionString);
        connection.Open();
        SqlCommand command=new SqlCommand("SELECT * FROM
                        Pharmaceutical;", connection);
        //创建 SqlDataReader 对象
```

```
SqlDataReader reader = command.ExecuteReader();
//输出列名
Console.WriteLine("{0,-15}\t{1,10}", reader.GetName(0),
                    reader.GetName(1));
//使用 while 循环读取表格中的所有行
while(reader.Read())
{
    Console.WriteLine("{0,-15}\t{1,10:C}", reader[0], reader[1]);
}
connection.Close();
        }
    }
```

运行结果如图 9-4 所示。

图 9-4　例 9.3 运行结果

9.2.5　DataSet 对象

DataSet 是数据驻留在内存中的表示形式，不管数据源是什么，它都可以提供一致的关系编程模型。它可以用于多种不同的数据源，用于 XML 数据，或用于管理应用程序本地的数据。DataSet 表示包括相关表、约束和表间关系在内的整个数据集。

创建 DataSet 的实例可以通过调用 DataSet 构造函数实现。常用的 DataSet 构造函数如表 9-8 所示。

表 9-8　常用的 DataSet 构造函数

构造函数	说明
DataSet()	初始化 DataSet 类的新实例
DataSet(String dataSetName)	用给定名称 dataSetName 初始化 DataSet 类的新实例

创建实例时，可以选择指定一个名称参数。如果没有为 DataSet 指定名称，则该名称设置为"NewDataSet"。例如，创建一个名为"CustomerOrders"的 DataSet 的实例，代码如下：

```
DataSet ds=new DataSet("CustomerOrders");
```

除此之外，也可以基于现有的 DataSet 来创建新的 DataSet。新的 DataSet 可以是现有 DataSet 的原样副本、DataSet 的复本（复制关系结构但不包含现有 DataSet 中的任何数据）或 DataSet 的子集（仅包含现有 DataSet 中已使用 GetChanges 方法修改的行）。常用的 DataSet 方法如表 9-9 所示。

表 9-9　常用的 DataSet 方法

方法	说明
AcceptChanges()	提交自加载此 DataSet 或上次调用 AcceptChanges 以来对其进行的所有更改
Clear()	通过移除所有表中的所有行来清除任何数据的 DataSet
Clone()	复制 DataSet 的结构，包括所有 DataTable 结构、关系和约束。不要复制任何数据
Copy()	复制该 DataSet 的结构和数据
CreateDataReader()	为每个 DataTable 返回带有一个结果集的 DataTableReader，顺序与 Tables 集合中表的显示顺序相同

【例 9.4】将 DataRow 添加到 DataSet 的 DataTable 中，针对 DataSet 调用 AcceptChanges()方法，提交更改。

程序代码如下：

```
private void AcceptChanges()
{
    DataSet myDataSet;
    //获取表格
    myDataSet=new DataSet();
    DataTable t;
    t=myDataSet.Tables["Suppliers"];
    //在表格中添加一个 DataRow 对象并赋值
    DataRow myRow;
    myRow=t.NewRow();
    myRow["CompanyID"]="NWTRADECO";
    myRow["CompanyName"]="NortWest Trade Company";
    //在表格中添加行
    t.Rows.Add(myRow);
    //提交更改
    myDataSet.AcceptChanges();
}
```

【例 9.5】创建两个 DataTable 实例，并将每个实例添加到一个 DataSet 中。调用 CreateDataReader()方法，循环访问 DataTableReader 中包含的所有结果集，并在控制台窗口中显示结果。

程序代码如下：

```
using System;
using System.Data;
class Program
```

```csharp
{
    static void Main()
    {
        DataSet dataSet=new DataSet();
        //在数据集中添加表格,其中第二个为空表格
        dataSet.Tables.Add(GetPrescription());
        dataSet.Tables.Add(new DataTable());
        //输出数据集中的各个表格
        TestCreateDataReader(dataSet);
    }

    private static void TestCreateDataReader(DataSet dataSet)
    {
        //对于给定的数据集,调用 CreateDataReader() 方法进行访问
        DataTableReader reader=dataSet.CreateDataReader();
        do
        {
            //输出表格的内容
            if(!reader.HasRows)
            {
                Console.WriteLine("Empty DataTableReader");
            }
            else
            {
                PrintColumns(reader);
            }
            Console.WriteLine("=========================");
        } while (reader.NextResult());
        reader.Close();
    }

    private static DataTable GetPrescription()
    {
        DataTable table = new DataTable("四君子汤");
        //创建两列:ID 和 Name
        DataColumn idColumn=table.Columns.Add("Name", typeof(string));
        table.Columns.Add("Weight", typeof(string));
        //设置主键
        table.PrimaryKey=new DataColumn[] { idColumn };
        //添加数据
```

```
            table.Rows.Add(new object[] { "人参", "9克" });
            table.Rows.Add(new object[] { "白术", "9克" });
            table.Rows.Add(new object[] { "茯苓", "9克" });
            table.Rows.Add(new object[] { "甘草", "6克" });
            table.Rows.Add(new object[] { "半夏", "4.5克" });
            table.Rows.Add(new object[] { "陈皮", "3克" });
            return table;
        }

        private static void PrintColumns(DataTableReader reader)
        {
            //输出表格的每一行
            while (reader.Read())
            {
                for(int i=0; i<reader.FieldCount; i++)
                {
                    Console.Write(reader[i]+" ");
                }
                Console.WriteLine();
            }
        }
```

运行结果如图 9-5 所示。

图 9-5 例 9.5 运行结果

在该代码中首先创建了一个数据集。然后，使用 GetCustomers() 和 new DataTable() 分别在数据集中添加了一个表格，其中第二个表格为空表格。最后，输出数据集中的内容。如果待输出的表格中有至少一行数据，则输出表格的内容，并在表格输出结束后输出双横线。如果待输出的表格为空，则输出 "Empty DataTableReader"，并输出双横线。

9.2.6 DataAdapter 对象

DataAdapter 用作 DataSet 和数据源之间的桥接器，以便检索和保存数据。DataAdapter

通过映射 Fill（在 DataSet 中添加或刷新行使之与数据源中的行匹配）和 Update（为指定的 DataSet 中每个已插入、已更新或已删除的行调用相应的 INSERT、UPDATE 或 DELETE 语句，使之与 DataSet 中的数据相匹配）来提供这一桥接器。

如果所连接的是 SQL Server 数据库，可以将 SqlDataAdapter 与关联的 SqlCommand 和 SqlConnection 对象一起使用。对于支持 OLE DB 的数据源，应使用 DataAdapter 及其关联的 OleDbCommand 和 OleDbConnection 对象。对于支持 ODBC 的数据源，应使用 DataAdapter 及其关联的 OdbcCommand 和 OdbcConnection 对象。对于 Oracle 数据库，应使用 DataAdapter 及其关联的 OracleCommand 和 OracleConnection 对象。

以 SQL Server 数据库为例，SqlDataAdapter 对象可采用下列代码构造：

```
SqlDataAdapter adapter=new SqlDataAdapter();
```

常用的 SqlDataAdapter 类属性如表 9-10 所示。

表 9-10　常用的 SqlDataAdapter 类属性

属性	说明
DeleteCommand	获取或设置一个 Transact-SQL 语句或存储过程，用于从数据集删除记录
InsertCommand	获取或设置一个 Transact-SQL 语句或存储过程，用于在数据源中插入新记录
SelectCommand	获取或设置一个 Transact-SQL 语句或存储过程，用于在数据源中选择记录
UpdateCommand	获取或设置一个 Transact-SQL 语句或存储过程，用于更新数据源中的记录

（1）设置一条删除记录的 Transact-SQL 语句：DeleteCommand

下面的代码演示设置一条删除记录的 Transact-SQL 语句，并配置该语句中的参数。

```
adapter.DeleteCommand=new SqlCommand("DELETE FROM Pharmaceutical
                WHERE PharmaceuticalID = @id", connection);
adapter.DeleteCommand.Parameters.Add("@id", SqlDbType.Char, 10,
    "PharmaceuticalID").SourceVersion = DataRowVersion.Original;
```

该语句被执行时，将删除当前数据库的 Pharmaceutical 表中 PharmaceuticalID 与给定 id 一致的记录。该 id 类型为 SqlDbType.Char，长度为 10。DataRowVersion.Original 表示查找时根据数据库中的原本属性值进行匹配。这是因为记录可能在删除前被修改，导致无法匹配到要删除的记录。

（2）设置一条插入记录的 Transact-SQL 语句：InsertCommand

下面的代码演示设置一条插入记录的 Transact-SQL 语句，并配置该语句中的参数。

```
adapter.InsertCommand=new SqlCommand(
      "INSERT INTO Pharmaceutical (PharmaceuticalID, Price) " +
      "VALUES (@id, @price)", connection);
adapter.InsertCommand.Parameters.Add("@id", SqlDbType.Char, 10,
```

```
                "PharmaceuticalID");
adapter.InsertCommand.Parameters.Add("@price", SqlDbType.Float, 10,
                "Price");
```

该语句被执行时,将在当前数据库的 Pharmaceutical 表中插入 PharmaceuticalID 为给定 id,Price 为给定 price 的记录。

(3) 设置一条查找记录的 Transact-SQL 语句:SelectCommand

下面的代码演示设置一条查找记录的 Transact-SQL 语句。

```
adapter.SelectCommand = new SqlCommand("SELECT * FROM Pharmaceutical",
                connection);
```

该语句被执行时,将返回当前数据库的 Pharmaceutical 表中的所有记录。

(4) 设置一条更新记录的 Transact-SQL 语句:UpdateCommand

下面的代码演示设置一条更新记录的 Transact-SQL 语句。

```
adapter.UpdateCommand=new SqlCommand("UPDATE Pharmaceutical
        SET PharmaceuticalID=@id, Price=@price " +
        "WHERE PharmaceuticalID=@id", connection);
adapter.UpdateCommand.Parameters.Add("@id",
        SqlDbType.Char, 10, "PharmaceuticalID");
adapter.UpdateCommand.Parameters.Add("@Price",
        SqlDbType.VarChar, 10, "price");
```

该语句被执行时,将在当前数据库的 Pharmaceutical 表中查找给定 id 对应的记录,并根据新的属性值更新记录。

常用的 SqlDataAdapter 类方法如表 9-11 所示。

表 9-11 常用的 SqlDataAdapter 类方法

方法	说明
Fill(DataSet dataset)	使用数据库中的数据在 DataSet 对象中添加或刷新行
Fill(DataTable table)	使用数据库中 table 的数据在 DataSet 对象中添加或刷新行
Fill(DataSet dataset, String srcTable)	使用 dataset 数据库中 srcTable 的数据在 DataSet 对象中添加或刷新行
Update(DataRow[] dataRows)	为指定的数组 dataRows 中每个已插入、已更新或已删除的行调用相应的 INSERT、UPDATE 或 DELETE 语句,更新数据库
Update(DataSet dataset)	为 dataset 中每个已插入、已更新或已删除的行调用相应的 INSERT、UPDATE 或 DELETE 语句,更新数据库
Update(DataTable table)	为 table 中每个已插入、已更新或已删除的行调用相应的 INSERT、UPDATE 或 DELETE 语句,更新数据库
Update(DataSet dataset, String srcTable)	为 dataset 中的 srcTable 中每个已插入、已更新或已删除的行调用相应的 INSERT、UPDATE 或 DELETE 语句,更新数据库

(1)使用给定的数据库中的表格的数据填充 DataSet 对象：Fill()

下面的代码演示使用名为 VSDatabase 的数据库中的 Pharmaceutical 表格的数据填充 DataSet 对象。

```
SqlDataAdapter sda=CreateSqlDataAdapter(connection);
DataSet ds=new DataSet("VSDatabase");
sda.Fill(ds, "Pharmaceutical");
```

注意：Fill()方法需要使用 SqlDataAdapter 对象的 SelectCommand 属性。因此，必须在调用 Fill()方法前配置 SelectCommand 属性。

(2)调用相应的 INSERT、UPDATE 或 DELETE 语句更新数据库：Update()

下面的代码演示将内存中的数据更新到名为 VSDatabase 的数据库中的 Pharmaceutical 表格。

```
SqlDataAdapter sda=CreateSqlDataAdapter(connection);
DataSet ds=new DataSet("VSDatabase");
sda.Fill(ds, "Pharmaceutical")
ds.Tables["Pharmaceutical"].Rows.Add("达格列净片", 120.00);
sda.Update(ds, "Pharmaceutical");
```

Update()方法会根据内存中数据记录的修改情况，自适应选择最合适的 Transact-SQL 语句更新数据库中的记录。所使用的 Transact-SQL 语句对应的 SqlDataAdapter 属性必须已经设置。

【例 9.6】创建一个 SqlDataAdapter 并设置属性。

程序代码如下：

```
public static SqlDataAdapter CreateSqlDataAdapter(SqlConnection
                                                  connection)
{
    SqlDataAdapter adapter=new SqlDataAdapter();
    adapter.MissingSchemaAction=MissingSchemaAction.AddWithKey;
    //为 SqlDataAdapter 对象的属性创建相应的 Transact-SQL 语句
    adapter.SelectCommand=new SqlCommand(
        "SELECT Name, Price FROM Pharmaceutical", connection);
    adapter.InsertCommand=new SqlCommand(
        "INSERT INTO Pharmaceutical (Name, Price) " +
        "VALUES (@name, @price)", connection);
    adapter.UpdateCommand=new SqlCommand(
        "UPDATE Pharmaceutical SET Name=@name, Price = @price " +
        "WHERE Name=@name", connection);
```

```
        adapter.DeleteCommand=new SqlCommand(
              "DELETE FROM Pharmaceutical WHERE Name = @name", connection);
        //为 Transact-SQL 语句配置参数
        adapter.InsertCommand.Parameters.Add("@name", SqlDbType.Char,
              10,"Name");
        adapter.InsertCommand.Parameters.Add("@price", SqlDbType.Float,
              10, "Price");
        adapter.UpdateCommand.Parameters.Add("@name", SqlDbType.Char,
              10, "Name");
        adapter.UpdateCommand.Parameters.Add("@price", SqlDbType.Float,
              10, "Price");
        adapter.DeleteCommand.Parameters.Add("@name", SqlDbType.Char,
              10, "Name").SourceVersion=DataRowVersion.Original;
        return adapter;
    }
```

【例 9.7】在例 9.6 的基础上，实现数据的增删改查。

程序代码如下：

```
    static void Main(string[] args)
    {
        SqlConnection connection=new SqlConnection(Settings.Default.
                          VSDatabaseConnectionString);
        connection.Open();
        SqlDataAdapter sda=CreateSqlDataAdapter(connection);
        //获取数据库中的数据
        DataSet ds=new DataSet("VSDatabase");
        sda.Fill(ds, "Pharmaceutical");
        Console.WriteLine("插入前:");
        DataTable dt=ds.Tables["Pharmaceutical"];
        Print(dt);
        //添加新数据
        dt.Rows.Add("阿司匹林肠溶片", 14.00);
        dt.Rows.Add("吉非替尼片", 2500.00);
        //写入数据库
        sda.Update(dt);
        Console.WriteLine("插入后:");
        Print(dt);
        //删除数据
```

```
        DataColumn[] key=new DataColumn[1];
        key[0]=ds.Tables["Pharmaceutical"].Columns["Name"];
        ds.Tables["Pharmaceutical"].PrimaryKey=key;
        DataRow dr=ds.Tables["Pharmaceutical"].Rows.Find("达格列净片");
        if(dr==null)
        {
            Console.WriteLine("没有被找到需要删除的记录");
        }
        else
        {
            //此处仅标识要被删除的行
            dr.Delete();
        }
        sda.Update(dt);
        Console.WriteLine("删除后:");
        Print(dt);
        // 修改数据
        dr=ds.Tables["Pharmaceutical"].Rows.Find("阿司匹林肠溶片");
        dr["Price"]=20.00;
        sda.Update(dt);
        Console.WriteLine("修改后:");
        Print(dt);
        connection.Close();
    }

    private static void Print(DataTable dt)
    {
        //显示 DataTable 对象的每一行记录
        Console.WriteLine("{0,-15}\t{1,19}", "Name", "Price");
        foreach(DataRow dr in dt.Rows)
        {
            Console.WriteLine("{0,-15}\t{1,10:C}", dr[0], dr[1]);
        }
        Console.WriteLine();
    }
```

运行结果如图 9-6 所示。

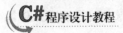

图 9-6 例 9.7 运行结果

9.3 使用 DataGridView 控件绑定和显示数据

DataGridView 控件用于在窗体中显示数据，它允许对单元格、行、列和边框等进行自定义。将数据绑定到 DataGridView 控件非常简单和直观，在大多数情况下，只需设置 DataSource 属性即可。绑定时，通常绑定到 BindingSource 组件，并将 BindingSource 组件绑定到其他数据源或使用业务对象填充该组件。首选使用 BindingSource 组件是因为该组件可以绑定到各种数据源，并可以自动解决许多数据绑定问题。

常用的 DataGridView 控件属性如表 9-12 所示。

表 9-12 常用的 DataGridView 控件属性

属性	说明
AllowUserToAddRows	获取或设置一个值，该值指示是否向用户显示添加行的选项
AllowUserToDeleteRows	获取或设置一个值，该值指示是否允许用户从 DataGridView 中删除行
AllowUserToOrderColumns	获取或设置一个值，该值指示是否允许通过手动对列重新定位
AllowUserToResizeColumns	获取或设置一个值，该值指示用户是否可以调整列的大小
AllowUserToResizeRows	获取或设置一个值，该值指示用户是否可以调整行的大小
AutoSizeColumnsMode	获取或设置一个值，该值指示如何确定列宽
AutoSizeRowsMode	获取或设置一个值，该值指示如何确定行高
BackgroundColor	获取或设置 DataGridView 的背景色
ColumnCount	获取或设置 DataGridView 中显示的列数
Columns	获取一个集合，它包含控件中的所有列

续表

属性	说明
CurrentCell	获取或设置当前处于活动状态的单元格
CurrentCellAddress	获取当前处于活动状态的单元格的行索引和列索引
CurrentRow	获取包含当前单元格的行
DataMember	获取或设置 DataGridView 正在为其显示数据的数据源中的列表或表的名称
DataSource	获取或设置 DataGridView 所显示数据的数据源
Font	获取或设置 DataGridView 显示的文本的字体
ForeColor	获取或设置 DataGridView 的前景色
GridColor	获取和设置网格线的颜色，使用网格线对 DataGridView 的单元格进行分隔
Item[Int32,Int32]	提供索引器以获取或设置位于具有指定索引的列和行的交叉点处的单元格
Item[String,Int32]	提供索引器以获取或设置位于具有指定索引的行和具有指定名称的列的交叉点处的单元格
Name	获取或设置控件的名称
ReadOnly	获取或设置一个值，该值指示用户是否可以编辑 DataGridView 控件的单元格
ResizeRedraw	获取或设置一个值，该值指示控件在调整大小时是否重绘自己
RowCount	获取或设置 DataGridView 中显示的行数
Rows	获取一个集合，该集合包含 DataGridView 控件中的所有行
ScrollBars	获取或设置要在 DataGridView 控件中显示的滚动条的类型
SelectedCells	获取用户选定的单元格的集合
SelectedColumns	获取用户选定的列的集合
SelectedRows	获取用户选定的行的集合
SelectionMode	获取或设置一个值，该值指示如何选择 DataGridView 的单元格
SortedColumn	获取 DataGridView 内容的当前排序所依据的列
SortOrder	获取一个值，该值指示是按升序或降序对 DataGridView 控件中的项进行排序，还是不排序

【例 9.8】将例 9.7 的数据通过 DataGridView 控件在图 9-7 所示的窗体上展示。

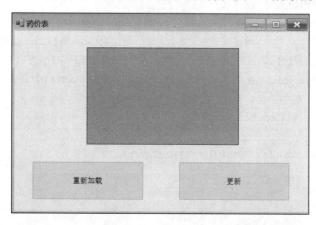

图 9-7　窗体展示窗口

在窗体中放置 DataGridView（dataGridView1）、Button（reloadButton、submitButton）和 BindingSource（bindingSource1）控件。其中，BindingSource 不可见。程序代码如下：

```csharp
private SqlDataAdapter dataAdapter = new SqlDataAdapter();
public Form1()
{
    InitializeComponent();
}
private void GetData(string selectCommand)
{
    try
    {
        //设置连接字符串
        String connectionString=Settings.Default. VSDatabase
                            ConnectionString;
        // 创建 dataAdapter 对象
        dataAdapter=new SqlDataAdapter(selectCommand, connection
                            String);
        // 创建用于生成 SQL 命令的 SqlCommandBuilder 对象
        SqlCommandBuilder commandBuilder=new SqlCommandBuilder
                                    (dataAdapter);
        //填充一个表格并绑定到 BindingSource 对象
        DataTable table=new DataTable();
        dataAdapter.Fill(table);
        bindingSource1.DataSource=table;
        //设置单元格格式
        dataGridView1.Columns["Price"].DefaultCellStyle.Format="c";
        //调整列宽
        dataGridView1.AutoResizeColumns(DataGridViewAutoSizeColumns
                                Mode.AllCells);
        dataGridView1.Columns["Name"].MinimumWidth=100;
        dataGridView1.Columns["Price"].MinimumWidth=100;
    }
    catch(SqlException exc)
    {
        MessageBox.Show(exc.Message);
    }
}
```

```
private void Form1_Load(object sender, System.EventArgs e)
{
    dataGridView1.DataSource=bindingSource1;
    GetData("Select * From Pharmaceutical");
}
private void reloadButton_Click(object sender, System.EventArgs e)
{
    GetData(dataAdapter.SelectCommand.CommandText);
}
private void submitButton_Click(object sender, System.EventArgs e)
{
    dataAdapter.Update((DataTable)bindingSource1.DataSource);
}
```

运行结果如图 9-8 所示。

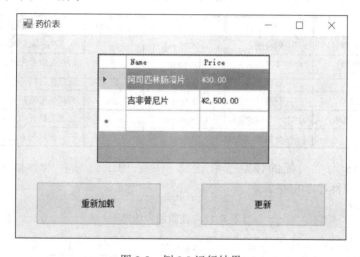

图 9-8　例 9.8 运行结果

习　题

1. 数据库中有以下两个表格，如表 9-13 和表 9-14 所示。读取两表数据并在控制台中输出。

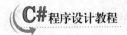

表 9-13 区属医院

单位	办公电话	地址
西安市第六医院	86252036	自强东路 737 号
新城区中医医院	87274683	新城区案板街 9 号
新城区疾病预防控制中心	87207461	案板街吉庆大厦
新城区卫生监督所	83284428	永乐路 102 号
新城区妇幼保健所	82480496	陕西省西安市中兴路 61 号
西安市新城区胡家庙医院	82524902	新城区金花北路 39 号
新城区第二医院	87428549	西安新城区尚勤路 203 号
西安兴庆医院	83281666	陕西省西安市互助路 28 号
西安太华医院	86703693	陕西省西安市新城区太华路纱厂东街 1 号
新城区中心体检站	83222744	永乐路 102 号

表 9-14 药品信息表

通用名	剂型	规格	包装单位	生产企业
阿莫西林克拉维酸钾颗粒	颗粒剂	156.25 mg	盒	南京先声东元制药有限公司
阿莫西林克拉维酸钾片	片剂（薄膜衣）	0.3125g	盒	南京先声东元制药有限公司
醋酸甲地孕酮胶囊	胶囊剂	160mg	盒	南京先河制药有限公司
醋酸甲羟孕酮分散片	分散片	250mg	盒	南京先河制药有限公司
盐酸帕洛诺司琼注射液	注射剂（小容量）	0.25mg:5ml	支	正大天晴药业集团股份有限公司
恩替卡韦分散片	分散片	0.5mg	盒	正大天晴药业集团股份有限公司

2．表 9-15 为某医院的住院患者信息。将表中的信息存入数据库中，并使用 DataGridView 控件显示出来。

表 9-15 住院患者信息

住院号	姓名	性别	入院日期	病区	床位费	医疗费
1001	王晓宁	女	25/12/2009	妇产科	100	6700
1002	伍宁	女	30/12/2009	妇产科	100	6700
1003	古琴	女	31/12/2009	消化内科	100	23100
1004	陈醉	男	21/1/2010	肝胆外科	60	20000
1005	李伯仁	男	1/2/2010	神经内科	80	17700
1006	夏雪	女	19/2/2010	呼吸内科	60	16000
1007	马甫仁	男	14/3/2010	整形外科	100	34000
1008	魏文鼎	男	15/3/2010	肝胆外科	60	29000
1009	李文如	男	28/3/2010	呼吸内科	60	18000
1010	宋成城	男	2/4/2010	整形外科	100	21000
1011	钟成梦	女	10/4/2010	妇产科	100	7000

第 10 章 C#多线程技术

操作系统使用进程将它们正在执行的不同应用程序分开。线程是操作系统分配处理器时间的基本单元，并且进程中可以有多个线程同时执行代码。每个线程都维护异常处理程序、调度优先级和一组系统用于在调度该线程前保存线程上下文的结构。线程上下文包括为使线程在线程的宿主进程地址空间中无缝地继续执行所需的所有信息，以及线程的 CPU 寄存器组和堆栈。

.NET Framework 将操作系统进程进一步细分为由 System.AppDomain 表示的、称为应用程序域的轻量托管进程。一个或多个托管线程（由 System.Threading.Thread 表示）可以在同一个托管进程中的一个或任意数目的应用程序域中运行。虽然每个应用程序域都是用单个线程启动的，但该应用程序域中的代码可以创建附加应用程序域和附加线程。

使用多线程技术是有必要的。例如，需要用户交互的软件必须尽可能快地对用户的活动做出反应，以便提供丰富多彩的用户体验。但同时它必须执行必要的计算，以便尽可能快地将数据呈现给用户。此时，可以将输入和计算交给不同的线程进行处理。例如，在一个线程接收用户对电子表格的编辑的时候，在另一个线程重新计算同一应用程序中的电子表格的其他部分。

10.1 多线程程序

10.1.1 创建线程

Thread 类用于创建并控制线程，设置其优先级并获取其状态。创建新的 Thread 对象时，将创建新的托管线程。Thread 类具有接受一个 ThreadStart 委托或 ParameterizedThreadStart 委托的构造函数，该委托包装调用 Start()方法时由新线程调用的方法。可以使用 ThreadState 和 IsAlive 属性确定任何时刻的线程状态，但是绝不应该将这些属性用于同步线程活动。

1. Thread 类构造函数

常用的 Thread 类构造函数如下：

```
public Thread(ThreadStart start);
```

其中，Start()是 ThreadStart 委托，它表示此线程开始执行时要调用的方法。

2. Thread 类属性

常用的 Thread 类属性如表 10-1 所示。

表 10-1 常用的 Thread 类属性

属性	说明
CurrentThread	获取当前正在运行的线程
IsAlive	获取一个值，该值指示当前线程的执行状态
IsBackground	获取或设置一个值，该值指示某个线程是否为后台线程
Name	获取或设置线程的名称
Priority	获取或设置一个值，该值指示线程的调度优先级
ThreadState	获取一个值，该值包含当前线程的状态

（1）获取当前线程以及状态：CurrentThread、ThreadState

下面的代码演示获取当前线程并输出其状态。

```
Console.WriteLine("ThreadState: {0}", Thread.CurrentThread.
        ThreadState);
```

其中，Thread.CurrentThread.ThreadState 是一个枚举类型，其成员如表 10-2 所示。

表 10-2 Thread.CurrentThread.ThreadState 的成员

成员	说明
Running	线程已启动，它未被阻塞，并且没有挂起的 ThreadAbortException
StopRequested	正在请求线程停止，仅用于内部
SuspendRequested	正在请求线程挂起
Background	线程正作为后台线程执行（相对于前台线程而言）。此状态可以通过设置 Thread.IsBackground 属性控制
Unstarted	尚未对线程调用 Thread.Start()方法
Stopped	线程已停止
WaitSleepJoin	线程已被阻止。这可能是因为调用 Thread.Sleep 或 Thread.Join、请求锁定（如通过调用 Monitor.Enter 或 Monitor.Wait）或等待线程同步对象（如 ManualResetEvent）
Suspended	线程已挂起
AbortRequested	已对线程调用了 Thread.Abort()方法，但线程尚未收到试图终止它的挂起的 System.Threading.ThreadAbortException
Aborted	线程状态包括 AbortRequested 并且该线程现在已死，但其状态尚未更改为 Stopped

（2）命名线程：Name

下面的代码演示把当前线程命名为 MainThread。

```
Thread.CurrentThread.Name="MainThread";
```

注意：Name 属性只能写一次，即只有 Name 属性为 null 时可以赋值，否则将抛出 InvalidOperationException。

(3)设置线程优先级:Priority

下面的代码演示将一个线程 newThread 的优先级设置为 ThreadPriority.BelowNormal。

```
newThread.Priority=ThreadPriority.BelowNormal;
```

3. Thread 类方法

常用的 Thread 类方法如表 10-3 所示。

表 10-3 常用的 Thread 类方法

方法	说明
Abort()	在调用此方法的线程上引发 ThreadAbortException,以开始终止此线程的过程。调用此方法通常会终止线程
Interrupt()	中断处于 WaitSleepJoin 状态的线程
Join()	阻塞调用线程,直到某个线程终止为止
Sleep(Int32 millisecondsTimeout)	将当前线程挂起 millisecondsTimeout 毫秒。指定零(0)以指示应挂起此线程,以使其他等待线程能够执行;指定 Infinite 以无限期阻止线程
Start()	将当前实例的状态更改为 ThreadState.Running

(1)终止线程:Abort()

下面的代码演示终止线程。

```
newThread.Abort();
```

上述代码运行时,将抛出 ThreadAbortException,可通过 try…catch 捕获进行处理。异常处理后,线程终止。

(2)中断处于 WaitSleepJoin 状态线程:Interrupt()

下面的代码演示通过 Interrupt()继续被挂起的线程。

```
Thread newThread=new Thread(new ThreadStart(stayAwake.Thread
                            Method));
newThread.Start();
newThread.Interrupt();
stayAwake.SleepSwitch=true;
...
public void ThreadMethod()
{
    Console.WriteLine("newThread is executing ThreadMethod.");
    while(!sleepSwitch)
    {
        //线程等待 10000000 个 CPU 循环
```

```
        Thread.SpinWait(10000000);
    }
    try
    {
        Console.WriteLine("newThread going to sleep.");
    }
    catch(ThreadInterruptedException e)
    {
        Console.WriteLine("newThread cannot go to sleep - " +
                    "interrupted by main thread.");
    }
}
```

上述代码运行时，newThread 在 while 循环中被挂起。随后主函数调用 Interrupt()方法，抛出 ThreadInterruptedException，newThread 通过 try…catch 捕获进行处理。异常处理后，线程继续运行。

（3）阻塞调用线程，直到某个线程终止：Join()

下面的代码演示通过 Join()阻塞主线程，直到 thread1 终止。

```
    static void Main(string[] args)
    {
        ...
        thread1.Start();
        ...
        thread1.Join();
        ...
    }
```

Join()方法经常用于一个线程等待另一个线程结束之后再继续运行的情况，调用者为挂起并等待的线程，被调用者为被等待的线程。上述代码中，主线程等待 thread1 结束，因此是主线程中调用 thread1 的 Join()方法。

（4）将线程挂起一段指定的时间：Sleep()

下面的代码演示通过 Sleep()挂起线程 1 秒。

```
    Thread.Sleep(1000);
```

（5）启动线程：Start()

下面的代码演示启动名为 newThread 的线程。

```
    newThread.Start();
```

【例 10.1】创建一个执行静态方法的线程。

程序代码如下：

```csharp
using System;
using System.Threading;
class Test
{
    static void Main()
    {
        Thread newThread=new Thread(new ThreadStart(Work.DoWork));
        newThread.Start();
    }
}
class Work
{
    Work() {}
    public static void DoWork() {}
}
```

10.1.2 暂停和中断线程

调用 Sleep()方法会导致当前线程立即阻止，阻止时间的长度等于传递给 Sleep()的毫秒数，这会将其时间片中剩余的部分让与另一个线程。一个线程不能针对另一个线程调用 Sleep。

以 Timeout.Infinite 为参数调用 Sleep()将使线程休眠，直到被另一个线程调用其 Interrupt()方法，或被 Abort()方法终止。通过对被阻止的线程调用 Interrupt()方法抛出 ThreadInterruptedException，可以中断正在等待的线程，从而使该线程脱离造成阻止的调用。线程应该捕获 ThreadInterruptedException 并执行任何适当的操作以继续运行。如果线程忽略该异常，则运行时将捕获该异常并停止该线程。但是，如果在调用 Interrupt()方法时线程未阻塞在等待、休眠或连接状态中，则下次开始阻塞时它将被中断并抛出 ThreadInterruptedException。

调用 Join()方法可以确保线程已终止。如果线程不终止，则调用方将无限期阻塞。如果调用 Join()时该线程已终止，此方法将立即返回。

【例 10.2】调用 Sleep()方法阻断应用程序的主线程。

程序代码如下：

```csharp
using System;
using System.Threading;

class Example
{
```

```
static void Main()
{
    for(int i=0; i<5; i++)
    {
        Console.WriteLine("Sleep for 2 seconds.");
        Thread.Sleep(2000);
    }
    Console.WriteLine("Main thread exits.");
}
```

运行结果如图 10-1 所示。

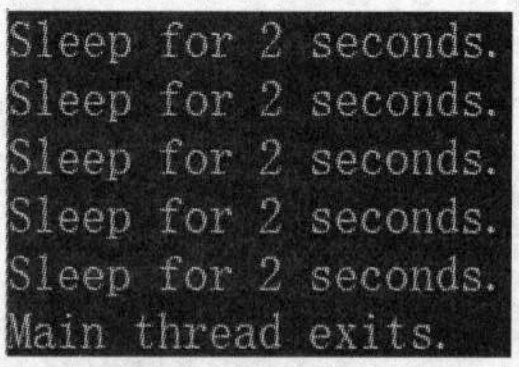

图 10-1 例 10.2 运行结果

【例 10.3】调用 Join()方法阻塞调用线程。

程序代码如下:

```
using System;
using System.Threading;
public class Example
{
    static Thread thread1, thread2;
    public static void Main()
    {
        thread1=new Thread(ThreadProc);
        thread1.Name="Thread1";
        thread1.Start();
        thread2=new Thread(ThreadProc);
        thread2.Name="Thread2";
        thread2.Start();
    }

    private static void ThreadProc()
    {
        Console.WriteLine("\nCurrent thread: {0}", Thread.CurrentThread.
```

```
                    Name);
                if(Thread.CurrentThread.Name=="Thread1" &&
                            thread2.ThreadState!=ThreadState.Unstarted)
                    thread2.Join();
                Thread.Sleep(4000);
                Console.WriteLine("\nCurrent thread: {0}", Thread.CurrentThread.
                            Name);
                Console.WriteLine("Thread1: {0}", thread1.ThreadState);
                Console.WriteLine("Thread2: {0}\n", thread2.ThreadState);
            }
        }
```

运行结果如图 10-2 所示。

图 10-2　例 10.3 运行结果

Thread1 调用 Thread2 的 Join()方法，导致 Thread1 被阻塞，直至 Thread2 结束才继续运行。

【例 10.4】调用 Interrupt()方法中断正在等待的线程。

程序代码如下：

```
using System;
using System.Threading;
class Program
{
    static void Main(string[] args)
    {
        Console.WriteLine("-------Interrupt 方法执行情况-----------");
        Thread thread1=new Thread(DoWork);
```

```
        thread1.Start();
        Thread.Sleep(1000);
        thread1.Interrupt();
        thread1.Join();
    }

    static void DoWork()
    {
        for(int i=0; i<10; i++)
        {
            try
            {
                Console.WriteLine("第" + i + "循环。");
                Thread.Sleep(500);
            }
            catch (ThreadInterruptedException exc)
            {
                Console.WriteLine("第" + i + "循环中,
                            线程被中断,下次循环线程将继续运行。");
            }
        }
    }
```

运行结果如图 10-3 所示。

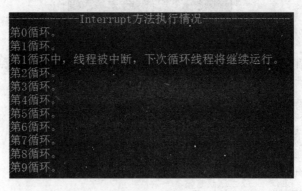

图 10-3　例 10.4 运行结果

在主函数中，thread1 在被 Sleep()方法阻塞的情况下被调用 Interrupt()方法，抛出异常并被 try…catch 捕获。异常处理之后，thread1 脱离阻塞状态，继续运行。

10.1.3 销毁线程

Abort()方法用于永久地停止托管线程。一旦线程被中止，它将无法重新启动。Abort()方法不直接导致线程中止，因为目标线程可捕捉ThreadAbortException并在finally块中执行任意数量的代码。如果需要等待线程结束，可调用Join()方法。

【例10.5】调用Abort()方法销毁线程。

程序代码如下：

```
using System;
using System.Threading;
class Program
{
    public static void Main()
    {
        Thread newThread=new Thread(new ThreadStart(TestMethod));
        newThread.Start();
        Thread.Sleep(1000);
        //销毁线程
        Console.WriteLine("Main aborting new thread.");
        newThread.Abort("Information from Main.");
        //等待线程结束
        newThread.Join();
        Console.WriteLine("New thread terminated - Main exiting.");
    }

    static void TestMethod()
    {
        try
        {
            while(true)
            {
                Console.WriteLine("New thread running.");
                Thread.Sleep(1000);
            }
        }
        catch(ThreadAbortException abortException)
        {
            Console.WriteLine((string)abortException.ExceptionState);
        }
    }
}
```

运行结果如图 10-4 所示。

```
New thread running.
Main aborting new thread.
Information from Main.
New thread terminated - Main exiting.
```

图 10-4　例 10.5 运行结果

主函数运行，创建线程 newThread，在 while 循环得到第一行输出。随后，主函数执行输出语句得到第二行输出。接着，调用 Abort()方法，抛出 ThreadAbortException，在异常处理中输出第三行。最后，在 newThread 结束之后主函数结束之前，得到最后一行输出。

【例 10.6】比较 Interrupt()方法和 Abort()方法对线程的影响。

程序代码如下：

```csharp
using System;
using System.Threading;
class Program
{
    static void Main(string[] args)
    {
        Console.WriteLine("---------Interrupt 方法执行情况---------");
        Thread thread1=new Thread(DoWork);
        thread1.Start();
        Thread.Sleep(1000);
        thread1.Interrupt();
        thread1.Join();
        Console.WriteLine("---------Abort 方法执行情况-------------");
        Thread thread2=new Thread(DoWork);
        thread2.Start();
        Thread.Sleep(1000);
        thread2.Abort();
    }
    static void DoWork()
    {
        for(int i=0; i<10; i++)
        {
            try
            {
                Console.WriteLine("第" + i + "循环。");
```

```
                Thread.Sleep(500);
            }
            catch (ThreadInterruptedException e)
            {
                Console.WriteLine("第" + i + "循环中,
                            线程被中断,下次循环线程将继续运行。");
            }
            catch (ThreadAbortException e)
            {
                Console.WriteLine("第" + i + "循环中,
                            线程被终止,线程将不再继续运行");
            }
        }
    }
}
```

运行结果如图 10-5 所示。

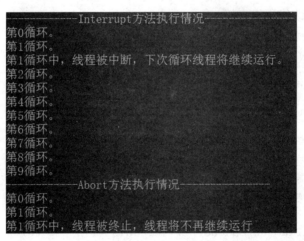

图 10-5　例 10.6 运行结果

两种方法都会抛出异常,可以通过异常处理在捕获异常时执行特定的操作。但是,Interrupt()方法在异常处理后,线程继续执行,而 Abort()方法在异常处理后,线程终止。

10.2　线程的优先级

线程的调度优先级通过枚举类型变量 ThreadPriority 指定。ThreadPriority 取值如下:
1) Lowest:可以将线程安排在具有任何其他优先级的线程之后。

2）BelowNormal：可以将线程安排在具有 Normal 优先级的线程之后和具有 Lowest 优先级的线程之前。

3）Normal：可以将线程安排在具有 AboveNormal 优先级的线程之后和具有 BelowNormal 优先级的线程之前。默认情况下，线程具有 Normal 优先级。

4）AboveNormal：可以将线程安排在具有 Highest 优先级的线程之后和具有 Normal 优先级的线程之前。

5）Highest：可以将线程安排在具有任何其他优先级的线程之前。

每个线程都有一个分配的优先级。在运行时内创建的线程最初被分配 Normal 优先级，而在运行时外创建的线程在进入运行时将保留其先前的优先级。可以通过访问线程的 Priority 属性来获取和设置其优先级。

线程是根据其优先级而调度执行的。用于确定线程执行顺序的调度算法随操作系统的不同而不同。操作系统也可以在用户界面的焦点在前台和后台之间移动时动态地调整线程的优先级。

一个线程的优先级不影响该线程的状态，该线程的状态在操作系统可以调度该线程之前必须为 Running。

【例 10.7】修改线程优先级。

程序代码运行如下：

```
using System;
using System.Threading;
class Program
{
    static void Main()
    {
        PriorityTest priorityTest=new PriorityTest();
        ThreadStart startDelegate=
                     new ThreadStart(priorityTest.ThreadMethod);
        Thread threadOne=new Thread(startDelegate);
        threadOne.Name="ThreadOne";
        Thread threadTwo=new Thread(startDelegate);
        threadTwo.Name="ThreadTwo";
        //设置优先级
        threadTwo.Priority=ThreadPriority.BelowNormal;
        threadOne.Start();
        threadTwo.Start();
        //等待 10 秒
        Thread.Sleep(10000);
        priorityTest.LoopSwitch=false;
```

```
        }
    }

    class PriorityTest
    {
        bool loopSwitch;
        public PriorityTest()
        {
            loopSwitch=true;
        }
        public bool LoopSwitch
        {
            set { loopSwitch=value; }
        }
        public void ThreadMethod()
        {
            long threadCount=0;
            while (loopSwitch)
            {
                threadCount++;
            }
            Console.WriteLine("{0} with {1,11} priority " + "has a count=
                        {2,13}", Thread.CurrentThread.Name,
                        Thread.CurrentThread.Priority.ToString(),
                        threadCount. ToString("No"));
        }
    }
```

运行上述代码,可以看到,输出时 threadOne 的计数值大于 threadTwo 的计数值。这是因为 threadOne 优先级更高,在 10 秒内分得的时间片更多,因此运行了更多次 while 循环。

注意: threadOne 优先级更高,并不意味着输出时先输出 threadOne 的计数值再输出 threadTwo 的计数值。两者输出的先后顺序不是固定的,这也不是由线程的优先级所决定的。

10.3 线程同步

在应用程序中使用多个线程的一个好处是每个线程都可以异步执行。对于 Windows 应用程序,耗时的任务可以在后台执行,而使应用程序窗口和控件保持响应。对于服务器应用程序，多线程处理提供了用不同线程处理每个传入请求的能力。否则，在完全满足前一个请求之前，将无法处理每个新请求。

然而，线程的异步特性意味着必须协调对资源（如文件句柄、网络连接和内存）的访问。否则，两个或更多的线程可能在同一时间访问相同的资源，而每个线程都不知道其他线程的操作。结果将产生不可预知的数据损坏。

10.3.1 lock 关键字

lock 关键字可以用来确保语句块完成运行，而不会被其他线程中断。这是通过在语句块运行期间为给定对象获取互斥锁来实现的。

lock 语句以关键字 lock 开头，它有一个作为参数的对象，该参数的后面还有一个一次只能由一个线程执行的语句块，语法如下：

```csharp
private System.Object lockThis=new System.Object();
public void Process()
{
    lock(lockThis)
    {
        //语句块
    }
}
```

lock 关键字的参数必须为基于引用类型的对象，该对象用来定义锁的范围。在上述代码中，锁的范围限定为此函数，因为函数外不存在任何对对象 lockThis 的引用。如果确实存在此类引用，锁的范围将扩展到该对象。

【例 10.8】使用多线程程序模拟银行账户取款的余额变化。

程序代码如下：

```csharp
using System;
using System.Threading;
class Account
{
    private Object thisLock=new Object();
    int balance;
    Random r=new Random();
    public Account(int initial)
    {
        balance=initial;
    }

    int Withdraw(int amount)
```

```
    {
        if(balance<0)
        {
            throw new Exception("Negative Balance");
        }
        // 确保在余额变更的过程中,变量 balance 不能被其他线程访问以防止
        //多个取款业务同时发生
        lock(thisLock)
        {
            if(balance>=amount)
            {
                Console.WriteLine("Balance before Withdrawal   :
                                  " + balance);
                Console.WriteLine("Amount to Withdraw          :
                                  -" + amount);
                balance=balance-amount;
                Console.WriteLine("Balance after Withdrawal    :
                                  " + balance);
                return amount;
            }
            else
            {
                return 0;
            }
        }
    }
    public void DoTransactions()
    {
        for(int i=0; i<100; i++)
        {
            Withdraw(r.Next(1, 100));
        }
    }
}

class Test
{
    static void Main()
    {
        Thread[] threads=new Thread[10];
```

```
        Account acc=new Account(1000);
        for(int i=0; i<10; i++)
        {
            Thread t=new Thread(new ThreadStart(acc.DoTransactions));
            threads[i]=t;
        }
        for(int i=0; i<10; i++)
        {
            threads[i].Start();
        }
    }
}
```

上述代码将余额的判断和余额的修改用 lock 关键字定义为一个完整的、不允许多个线程同时运行的语句块，确保余额不会在判断之后修改之前被另一个线程用于判断，避免判断错误导致余额为负值的情况发生。

10.3.2 监视器

监视器可以防止多个线程同时执行代码块。监视器由 Enter()和 Exit()两个方法组成。Enter()方法仅允许一个线程继续执行后面的语句，其他所有线程都将被阻止，直到执行语句的线程调用 Exit()。具体语法格式如下：

```
System.Object obj=(System.Object)x;
System.Threading.Monitor.Enter(obj);
    //语句块
System.Threading.Monitor.Exit(obj);
```

【例 10.9】使用 Monitor 类对随机数生成器的单个实例的访问进行同步。在主函数中创建 10 个任务，每个线程异步执行，每个任务生成 10 000 的随机数字，计算其平均值，并更新维护随机数个数及均值。所有任务都完成后，计算其总平均值。

程序代码如下：

```
using System;
using System.Collections.Generic;
using System.Threading;
using System.Threading.Tasks;

public class Example
{
    public static void Main()
    {
```

```csharp
            List<Task> tasks=new List<Task>();
            Random rnd=new Random();
            long total=0;
            int n=0;

            for (int taskCtr=0; taskCtr<10; taskCtr++)
                tasks.Add(Task.Run(() =>
                {
                    int[] values=new int[10000];
                    int taskTotal=0;
                    int taskN=0;
                    int ctr=0;
                    Monitor.Enter(rnd);
                    //产生 10,000 个随机整数
                    for(ctr=0; ctr < 10000; ctr++)
                        values[ctr]=rnd.Next(0, 1001);
                    Monitor.Exit(rnd);
                    taskN=ctr;
                    foreach(var value in values)
                        taskTotal+=value;
                    Console.WriteLine("Mean for task {0,2}: {1:N2} (N={2:N0})",
                            Task.CurrentId, (taskTotal * 1.0) / taskN,taskN);
                    /*Interlocked.Add 对两个整数求和,求和结果替换第一个整数,
                    该操作作为一个原子操作完成*/
                    Interlocked.Add(ref n, taskN);
                    Interlocked.Add(ref total, taskTotal);
                }));
            try
            {
                Task.WaitAll(tasks.ToArray());
                Console.WriteLine("\nMean for all tasks: {0:N2} (N={1:N0})",
                            (total * 1.0) / n, n);

            }
            catch(AggregateException e)
            {
                foreach (var ie in e.InnerExceptions)
                    Console.WriteLine("{0}:{1}",ie.GetType().Name,ie.Message);
            }
        }
    }
}
```

上述代码执行时，随机数的产生及求和过程被定义为仅允许一个线程执行，避免随机数记录错误和求和错误。

习　题

1. 假设某医院医生需要为患者开药，所开药品需要在药房中有库存。同时，药房要为患者分配药物。请编写一个程序模拟此过程，确保药品的库存数量正确无误。
2. 启动 3 个线程打印递增的数字，首先线程 1 打印 1~5，然后线程 2 打印 6~10，接着线程 3 打印 11~15，再由线程 1 打印 16~20，以此类推，直到打印到 75。

第 11 章 图形图像编程基础

在 C#.NET 中，使用 GDI+处理二维（2D）的图形图像，使用 DirectX 处理三维（3D）的图形图像。

本章主要介绍使用 C#进行图形图像编程基础，其中包括 GDI+绘图基础、C#图像处理基础及简单的图像处理技术。

11.1 GDI+绘图基础

11.1.1 GDI+概述

GDI+（Graphics Device Interface Plus）即图形设备接口，它提供了各种丰富的图形图像处理功能，是微软公司在 Windows 2000 以后操作系统中提供的新的图形设备接口，其通过一套部署为托管代码的类来提供图形图像处理功能，这套类被称为 GDI+的"托管类接口"。GDI+主要提供了以下 3 类服务：

1）二维矢量图形：GDI+提供了存储图形基元自身信息的类（或结构体）、存储图形基元绘制方式信息的类及实际进行绘制的类。

2）图像处理：大多数图片难以划定为直线和曲线的集合，无法使用二维矢量图形方式进行处理。因此，GDI+提供了 Bitmap、Image 等类，它们可用于显示、操作和保存 BMP、JPG、GIF 等图像格式。

3）文字显示：GDI+支持使用各种字体、字号和样式来显示文本。

图形图像处理用到的主要命名空间是 System.Drawing，它提供了对 GDI+基本图形功能的访问，主要有 Graphics 类、Bitmap 类、从 Brush 类继承的类、Font 类、Icon 类、Image 类、Pen 类、Color 类等图形对象。此外，还包括一些新的绘图功能，如 Alpha 混色、渐变色、纹理、消除锯齿及使用包括位图在内的多种图像格式。

要在 Windows 窗体中显示字体或绘制图形必须要使用 GDI+，而学习使用 GDI+就必须先了解 Graphics 类，同时还必须掌握 Pen、Brush 和 Rectangle 这几种类。

表 11-1 列出了 GDI+基类的主要命名空间。本章使用的大多数类、结构等包含在 System.Drawing 命名空间中。

表 11-1 GDI+基类的主要命名空间

命名空间	说明
System.Drawing	包含与基本绘图功能有关的大多数类、结构、枚举和委托
System.Drawing.Drawing2D	为大多数高级 2D 和矢量绘图操作提供了支持，包括消除锯齿、几何变形和图形路径

命名空间	说明
System.Drawing.Imaging	包括有助于处理图像（位图、GIF 文件等）的各种类
System.Drawing.Printing	包含把打印机或打印预览窗口作为"输出设备"时使用的类
System.Drawing.Text	包含对字体和字体系列执行更高级操作的类

在 C#.NET 中，GDI+的所有绘图功能都包括在表 11-1 的命名空间中，因此在开始用 GDI+类之前，需要先引用相应的命名空间。下面是一个 C#应用程序引用命名空间的示例：

```
using System;
using System.Drawing;
using System.Drawing.Drawing2D;
using System.Drawing.Imaging;
using System.Drawing.Graphics;
```

11.1.2 Graphics 类

System.Drawing.Graphics 类对 GDI+进行了封装，大多数绘图工作是通过调用关于 Graphics 实例的方法完成的。实际上，正是因为 Graphics 类负责处理大多数绘图操作，所以 GDI+中的操作大多数涉及 Graphics 实例，可以把创建的 Graphics 实例看成画布。绘图程序的一般步骤：

1）创建 Graphics 对象。
2）使用 Graphics 对象的方法绘图、显示文本或处理图像。

【例 11.1】在窗体中增加一个"画圆"按钮，单击该按钮在窗体中画一个边界为红色，线宽为 5 像素，内部填充为蓝色的圆。

该程序段说明了使用 Graphics 类绘图的基本步骤。按钮的单击事件处理函数如下：

```
private void button1_Click(object sender, EventArgs e)
{
    //创建画布,这里的画布是由Form提供的
    Graphics g=this.CreateGraphics();
    //创建红色的笔对象
    Pen pen1=new Pen(Color.Red);
    //设置红色笔的线宽为5像素
    pen1.Width=5;
    //创建蓝色的刷子对象
    SolidBrush brush1=new SolidBrush(Color.Blue);
    //用红色笔在窗体中画矩形内切圆的边界
    //矩形左上角坐标为(10,10),宽和高各为100像素的内切圆
```

```
        g.DrawEllipse(pen1, 10, 10, 100, 100);
        //在画布上用蓝色刷子填充矩形内切圆的内部
        g.FillEllipse(brush1, 10, 10, 100, 100);
    }
```

运行程序，单击"画圆"按钮，出现边界为红色，内部填充为蓝色的圆，如图 11-1 所示。

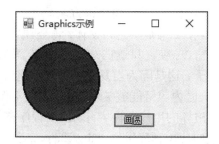

图 11-1　Graphics 类用法示例

1. Graphics 类的方法成员

System.Drawing.Graphics 类有很多方法，利用这些方法可以绘制各种线条、空心图形和实心图形。表 11-2 所示的列表并不完整，但给出了主要的方法，应能据此掌握绘制各种图形的要领。

表 11-2　Graphics 类的主要方法

方法	常见参数	绘制的图形
DrawLine()	画笔、起点和终点	一条直线
DrawRectangle()	画笔、位置和大小	空心矩形
DrawEllipse()	画笔、位置和大小	空心椭圆
FillRectangle()	画笔、位置和大小	实心矩形
FillEllipse()	画笔、位置和大小	实心椭圆
DrawLines()	画笔、点数组	一组线条，把数组中的每个点按顺序连接起来
DrawBezier()	画笔、4 个点	经过两个端点的一条光滑曲线，剩余的两个点用于控制曲线的形状
DrawCurve()	画笔、点数组	经过这些点的一条光滑曲线
DrawArc()	画笔、矩形、两个角	由角度定义的矩形中圆的一部分
DrawClosedCurve()	画笔、点数组	与 DrawCurve()一样，但还要绘制一条用于闭合曲线的直线
DrawPie()	画笔、矩形、两个角	矩形中的空心楔形
FillPie()	画笔、矩形、两个角	矩形中的实心楔形
DrawPolygon()	画笔、点数组	与 DrawLines()一样，但还要连接第一个点和最后一个点，以闭合绘制的图形

2. 创建 Graphics 对象的 3 种方法

（1）调用某控件或窗体的 CreateGraphics()方法

调用某控件或窗体的 CreateGraphics()方法以获取对 Graphics 对象的引用，该对象表示该控件或窗体的绘图图面。在例 11.1 中，通过 Graphics g=this.CreateGraphics()语句得到窗体使用的 Graphics 类对象，然后调用 Graphics 对象的 DrawEllipse()方法画圆。如果想在已存在的窗体或控件上绘图，通常会使用该方法。

但使用该方法有一个缺点，如果最小化该窗体，再还原它，绘制好的图形就不见了。如果在该窗体上拖动另一个窗口，使之只遮挡一部分图形，再拖动该窗口远离这个窗体，则临时被挡住的部分就消失了。这是因为当发生窗体最小化后再最大化、在该窗体上拖动另一个窗口等情况时，用户区内容可能被破坏。操作系统不保存被破坏的用户区内容，而是由应用程序自己恢复被破坏的用户区内容。当应用程序窗口用户区内容被破坏后需恢复时，Windows 操作系统向应用程序发送 Paint 事件，应用程序应把在窗口用户区绘图的语句放在 Paint 事件处理函数中，应用程序响应 Paint 事件，能在事件处理函数中调用这些在窗口用户区绘图的语句恢复被破坏的内容。

（2）利用控件或窗体的 Paint 事件中的 PainEventArgs

PaintEventArgs 类有另外两个属性，其中比较重要的是 Graphics 实例，它们主要用于优化窗口中需要绘制的部分，这样就不必调用 CreateGraphics()方法获取对 Graphics 对象的引用，而是在窗体或控件的 Paint 事件中利用 PainEventArgs 参数接收对图形对象的引用。参数 PaintEventArgs 指定绘制控件所用的 Graphics 实例，在为控件创建绘制代码时，通常会使用此方法来获取对图形对象的引用。修改例 11.1，在 Form1 类中增加 Paint 事件处理函数如下：

```
private void Form1_Paint(object sender,PaintEventArgs e)
{
    //得到窗体的使用的 Graphics 类对象，即创建画布
    Graphics g=e.Graphics;
    Pen pen1=new Pen(Color.Red);
    //设置红色画笔的线宽为 5 像素
    pen1.Width=5;
    SolidBrush brush1=new SolidBrush(Color.Blue);
    g.DrawEllipse(pen1,10,10,100,100);
    g.FillEllipse(brush1,10,10,100,100);
}
```

在 Form1_Paint()方法的实现代码中，先从 PaintEventArgs 类中引用 Graphics 对象，再绘制图形。运行后，出现边界为红色，内部填充蓝色的圆。最小化后，再最大化，图形不消失。

（3）调用 Graphics 类的 FromImage()静态方法

从参数指定的 Image 对象创建一个新的 Graphics 对象。在需要更改已存在的图像时，通常会使用此方法。

例如：

```
//名为"pic11_2.jpg"的图片位于当前路径下
Image img=Image.FromFile("pic11_2.jpg ");    //建立 Image 对象
Graphics g=Graphics.FromImage(img);          //创建 Graphics 对象
```

11.1.3　GDI+中常用的结构

在使用 GDI+显示文字和绘制图形时，经常要用到一些数据结构，如 Size、Point 和 Rectangle 等。它们在 System.Drawing 命名空间中定义，都属于值类型（结构类型）。

1. Point 和 PointF 结构

1）Point 代表 Windows 窗体应用程序中的一个二维表面上的位置，常用于定义窗体或控件的位置。

2）PointF 表示一个点的坐标值，具有以下两种属性：X，定义 Point 结构的 x 坐标或者水平位置；Y，定义 Point 结构的 y 坐标或者垂直位置。

其常用构造函数如下：

```
Point  p1=new  Point(int  X,int  Y);         //X,Y 为整数
PointF p2=new  PointF(float X,float Y);      //X,Y 为浮点数
```

例如：

```
Point ab=new Point(20, 10);
```

或

```
Point ab=new Point();
ab.X=20;
ab.Y=10;
```

注意：按照惯例，水平坐标和垂直坐标表示为 x 和 y（小写），但相应的 Point 属性是 X 和 Y（大写），因为在 C#中，公共属性的一般约定是名称以一个大写字母开头。

2. Size 和 SizeF 结构

Size 用于定义 Windows 窗体应用程序中的窗口、控件和其他矩形区域的大小。Size 和 SizeF 用于表示尺寸大小，有两个成员：Width 和 Height。常用构造函数如下：

```
public   Size(int width, int height);
public   SizeF(float width, float height);
```

例如，直接指定高度值和宽度值：

```
Size b=new Size(50,100);
```

3. Rectangle 和 RectangleF 结构

Rectangle 定义一个矩形区域的位置和大小，包含 X、Y、Width、Height、Size 属性，还有 Top、Bottom、Left、Right 等属性返回各边坐标值。

Rectangle 和 RectangleF 结构的常用属性如下：

1) Top 属性：Rectangle 结构左上角的 y 坐标。
2) Left 属性：Rectangle 结构左上角的 x 坐标。
3) Bottom 属性：Rectangle 结构右下角的 y 坐标。
4) Right 属性：Rectangle 结构右下角的 x 坐标。
5) Width 属性：获取或设置此 Rectangle 结构的宽度。
6) Height 属性：获取或设置此 Rectangle 结构的高度。
7) Size 属性：获取或设置此 Rectangle 的大小。
8) X 属性：获取或设置此 Rectangle 结构左上角的 x 坐标。
9) Y 属性：获取或设置此 Rectangle 结构左上角的 y 坐标。

其常用构造函数如下：

```
//参数为矩形左上角坐标的点结构 point1 和代表矩形宽和高的 Size 结构 size1
Rectangle c=new Rectangle( point1,size1);   //参数也可为 PointF 和 SizeF
//参数为矩形左上角 x 和 y 坐标,宽,高
Rectangle d=new Rectangle(int X, int Y,int width, int height);
//X 和 Y 也可为 float 型
```

4. Color 结构

颜色是进行图形操作的基本要素。任何一种颜色都可以由 4 个分量决定，每个分量占据 1 字节。R：红色，取值为 0~255，255 为饱和红色；G：绿色，取值为 0~255，255 为饱和绿色；B：蓝色，取值为 0~255，255 为饱和蓝色；A：Alpha 值，即透明度，取值为 0~255，0 为完全透明，255 为完全不透明。

在 System.Drawing 命名空间下，有一个 Color 结构类型，可以使用下列方法创建颜色对象。

（1）使用 FromArgb()指定任意颜色

这个方法有两种常用的形式，第一种形式是直接指定 3 种颜色，方法原型为

```
public static Color FromArgb(int red, int green, int blue)
```

3 个参数分别表示 R、G、B 三色，Alpha 值使用默认值 255，即完全不透明。例如：

```
Color red=Color.FromArgb(255,0,0);
```

```
Color green=Color.FromArgb(0,255,0);
Color blue=Color.FromArgb(0,0,0xff);
```

其中，0xff 为十六进制表示形式。

第二种形式使用 4 个参数，格式如下：

```
public static Color FromArgb(int alpha,int red,int green,int blue)
```

4 个参数分别表示透明度和 R、G、B 三色值。

（2）使用系统预定义颜色

在 Color 结构中已经预定义了 141 种颜色，可以直接使用。例如：

```
Color myColor;
myColor=Color.Red;
myColor=Color.Aquamarine;
myColor=Color.LightGoldenrodYellow;
```

【例 11.2】在窗体中增加了一个"button1"按钮，单击该按钮在窗体中创建 3 个半透明的红、绿、蓝刷子，填充 3 个圆形，请注意透明度及颜色使用的方法。

```
private void button1_Click(object sender, EventArgs e)
{
    Graphics g=this.CreateGraphics();
    SolidBrush RedBrush=new SolidBrush(Color.FromArgb(128, 255, 0, 0));
    //半透明
    SolidBrush GreenBrush=new SolidBrush(Color.FromArgb(128, 0, 255, 0));
    SolidBrush BlueBrush=new SolidBrush(Color.FromArgb(128, 0, 0, 255));
    g.FillEllipse(RedBrush, 0, 0, 80, 80);
    g.FillEllipse(GreenBrush, 40, 0, 80, 80);
    g.FillEllipse(BlueBrush, 20, 20, 80, 80);
}
```

运行结果如图 11-2 所示。

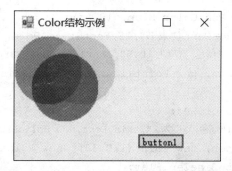

图 11-2　Color 结构示例

11.1.4 常用画图对象

1. 使用画笔

画笔可用于绘制具有指定宽度和样式的线条、曲线及勾勒形状轮廓。可以使用 Pen 类来创建一个指定颜色、默认宽度的画笔对象。

创建画笔对象的构造函数有以下几种格式：

```
Pen penRed=new Pen(Color.Red);
```

通过参数指定画笔颜色，初始宽度默认为1。

```
Pen PenRed=new Pen(Color.Red, 10);
```

通过参数指定画笔颜色和宽度。

```
SolidBrush brushRed=new SolidBrush(Color.Red);
Pen PenRed=new Pen(brushRed);
```

通过参数指定画笔的模式。

```
Pen PenRed=new Pen(brushRed, 5);
```

通过参数指定画笔模式，同时指定宽度。

Pen 类的属性主要有 Color（颜色）、DashCap（短划线终点形状）、DashStyle（虚线样式）、EndCap（线尾形状）、StartCap（线头形状）、Width（粗细）等。

【例 11.3】Pen 类常用的属性：Color 为笔的颜色，Width 为笔的宽度，DashStyle 为笔的样式，EndCap 和 StartCap 为线段终点和起点的外观。本例显示各种笔的属性 DashStyle、EndCap 和 StartCap 不同选项的样式。

主窗体 Paint 事件处理函数如下：

```
private void Form1_Paint(object sender, PaintEventArgs e)
{
    Graphics g=e.Graphics;
    Pen pen=new Pen(Color.Blue, 10.5f);
    Font font1=new Font("隶书",12,FontStyle.Bold, GraphicsUnit.World);
    g.DrawString("蓝色,宽度为10.5",font1,new SolidBrush(Color.Black),5,5);
    g.DrawLine(pen, new Point(110, 10), new Point(380, 10));
    pen.Width=2;
    pen.Color=Color.Red;
    g.DrawString("红色,宽度为2",this.Font,new SolidBrush(Color.Black),5,25);
    g.DrawLine(pen, new Point(110,30), new Point(380,30));
    pen.StartCap=LineCap.Flat;
    pen.EndCap=LineCap.ArrowAnchor;
```

```
            pen.Width=9;
            g.DrawString("红色箭头线",this.Font,new SolidBrush(Color.Black),5,45);
            g.DrawLine(pen, new Point(110, 50), new Point(380, 50));
            pen. DashStyle=DashStyle.Custom;
            pen.DashPattern=new float[] { 4, 4 };
            pen.Width=2;
            pen.EndCap=LineCap.NoAnchor;
            g.DrawString("自定义虚线", this.Font,new SolidBrush(Color.Black),5,65);
            g.DrawLine(pen, new Point(110, 70), new Point(380, 70));
            pen. DashStyle=DashStyle.Dot;
            g.DrawString("点划线", this.Font,new SolidBrush(Color.Black),5,85);
            g.DrawLine(pen,new Point(110,90),new Point(380,90));
        }
```

运行结果如图 11-3 所示。

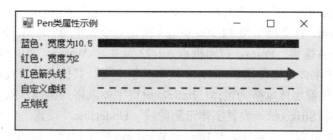

图 11-3　Pen 类属性示例

2．使用字体

在窗体或控件中都包含有 Font 属性，表示窗体或控件当前使用的字体。在创建窗体或控件时，会使用系统的默认字体值。

字体使用 Drawing.Font 类封装，通过创建 Drawing.Font 类的实例可以创建新的字体。在创建时需要指定字体的名称、大小和风格，如果不指定字体风格则将创建常规字体。

Font 构造函数：

1）创建一个 12 磅的粗体隶书字体。

```
Font font1=new Font("隶书",12, FontStyle.Bold);
```

2）使用指定的度量单位而不是磅值来创建字体。

```
Font font2=new Font("隶书",12, GraphicsUnit.Document);
```

组合前两个构造函数：

```
Font font3=new Font("隶书",12, FontStyle.Bold, GraphicsUnit.Document);
```

其中，参数 FontStyle.Bold, GraphicsUnit.Document 是字体的属性，一个字体所具有的属性是只读的，修改任何一个属性都将产生一个新的字体。

常用的字体属性如下：

1）Bold 属性：用于设置字体是否为粗体。
2）FontFamily 属性：用于设置枚举值，确定字体的字符集。
3）Height 属性：用于设置字体高度。
4）Italic 属性：用于设置字体是否为斜体。
5）Size 属性：用于设置字体大小。
6）SizeInPoints 属性：用于设置字体的磅值，不考虑当前的 Unit 属性设置。
7）Strikeout 属性：用于设置字体是否有删除线。
8）Style 属性：用于设置字体的所有 FontStyle 枚举值。
9）Underline 属性：用于设置字体是否有下划线。

GraphicsUnit 枚举值类型，确定 Height、Width 和 Size 属性，用于指定给定数据的度量单位。其度量单位包括以下几种：Display，将 1/75 英寸（1in≈2.54cm）指定为度量单位；Document，将文档单位（1/300 英寸）指定为度量单位；Inch，英寸；Millimeter，毫米；Pixel，设备像素；Point，打印机点（1/72 英寸）；World，通用单位。

.NET 框架中字体风格使用 FontStyle 枚举类型定义。其值有以下几种，它们可以组合使用：Bold，设置字体风格为粗体；Italic，设置字体风格为斜体；Regular，设置字体风格为常规字体；Strikeout，设置字体带删除线；Underline，设置字体带下划线。

【例 11.4】Font 类用法示例，新建一个 Windows 应用程序，适当加宽窗体宽度。然后切换到代码方式，添加命名空间引用：

```
using System.Drawing.Drawing2D;
```

添加 Form1_Paint 事件代码如下：

```
private void Form1_Paint(object sender, PaintEventArgs e)
{
    String S1="Font 类使用及绘制文字示例";//要显示的字符串
    //显示的字符串使用的字体
    Font Font1=new Font("宋体", 16, FontStyle.Bold |
                        FontStyle.Underline | FontStyle.Italic);
    SolidBrush Brush1=new SolidBrush(Color.Blue);//写字符串用的刷子
    PointF Pt1=new PointF(20.0F,20.0F);//显示的字符串左上角的坐标
    e.Graphics.DrawString(S1,Font1,Brush1,Pt1);
}
```

运行结果如图 11-4 所示。

图 11-4　Font 类用法示例

3．使用画刷

显示文字时除了指定字体外，还要指定画刷，另外在填充图形时也需要使用画刷，同时画笔可以基于画刷来创建。画刷可与 Graphics 对象一起使用来创建实心形状和呈现文本的对象。可以用画刷填充各种图形形状，如矩形、椭圆、扇形、多边形和封闭路径等。

在 System.Drawing 命名空间中定义了两个基本的画刷：SolidBrush 和 TextureBrush。其他的 3 种用于更高级的效果，在 System.Drawing.Drawing2D 命名空间中可以找到。这里仅介绍常用的 4 种画刷，因路径渐变画刷 PathGradientBrush 用法与线性渐变画刷 LinearGradientBrush 类似，故不再作详细介绍。

（1）单色画刷 SolidBrush

单色画刷构造函数只有一个，定义如下：

```
SolidBrush  brush1=new SolidBrush(Color color);
//建立指定颜色的画刷
```

在使用中可以通过修改其属性 Color 来修改其颜色，例如：

```
brush1.Color=Color.Green;
```

【例 11.5】单色画刷演示示例。

程序代码如下：

```
private void Form1_Paint(object sender,
        System.Windows.Forms.PaintEventArgs e)
{
    Graphics g=e.Graphics;
    SolidBrush myBrush=new SolidBrush(Color.Red);
    g.FillEllipse(myBrush, this.ClientRectangle);
}
```

运行结果如图 11-5 所示。

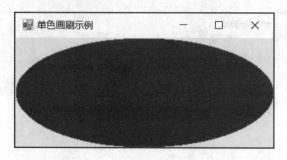

图 11-5　单色画刷演示示例

（2）阴影画刷 HatchBrush

阴影画刷是指用指定样式（如多条横线多条竖线、多条斜线等）、指定线条的颜色和指定背景颜色定义的画刷。阴影画刷有 2 个构造函数：

```
//指定样式和线条的颜色的构造函数,背景色被初始化为黑色
HatchBrush brush1=new HatchBrush(HatchStyle h, Color c);
//指定样式、线条的颜色和背景颜色的构造函数
HatchBrush brush1=new HatchBrush(HatchStyle h, Color c1,Color c2);
```

阴影画刷有 3 个属性如下：

1）backgroundColor 属性：画刷背景颜色。

2）foreColor 属性：画刷线条的颜色。

3）HatchStyle 属性：该属性是只读的，不能修改，表示画刷的不同样式。

【例 11.6】显示阴影画刷属性 HatchStyle 为不同值时画刷的不同样式。

在 Form1.cs 文件头部增加语句 using　System.Drawing.Drawing2D，主窗体 Paint 事件处理函数如下：

```
private void Form1_Paint(object sender, PaintEventArgs e)
{
    Graphics g=e.Graphics;//得到窗体的使用的 Graphics 类对象
    HatchBrush b1=new HatchBrush(HatchStyle.BackwardDiagonal,
                            Color.Blue, Color.LightGray);
    g.FillRectangle(b1, 10, 10, 50, 50);//矩形被填充左斜线,第 1 图
    HatchBrush b2=new HatchBrush(HatchStyle.Cross, Color.Blue,
                            Color.LightGray);
    g.FillRectangle(b2, 70, 10, 50, 50);//矩形被填充方格,第 2 图
    HatchBrush b3=new HatchBrush(HatchStyle.ForwardDiagonal,
                            Color.Blue, Color.LightGray);
    g.FillRectangle(b3, 130, 10, 50, 50);//矩形被填充右斜线,第 3 图
    HatchBrush b4=new HatchBrush(HatchStyle.DiagonalCross,
```

```
                                Color.Blue, Color.LightGray);
    g.FillRectangle(b4, 190, 10, 50, 50);//矩形被填充菱形,第 4 图
    HatchBrush b5=new HatchBrush(HatchStyle.Vertical,
                                Color.Blue, Color.LightGray);
    g.FillRectangle(b5, 250, 10, 50, 50);//矩形被填充竖线,第 5 图
    HatchBrush b6=new HatchBrush(HatchStyle.Horizontal,
                                Color.Blue, Color.LightGray);
    g.FillRectangle(b6, 310, 10, 50, 50);//矩形被填充横线
}
```

运行结果如图 11-6 所示。

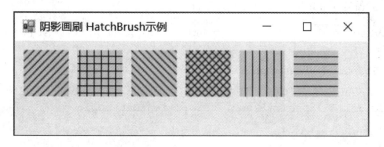

图 11-6　阴影画刷演示示例

（3）纹理（图像）画刷 TextureBrush

纹理（图像）画刷使用图像填充封闭曲线的内部，为了对它初始化，可以使用一个已经存在的设计好的图案或使用常用的设计程序设计的图案，同时应该使图案存储为常用图形文件格式，如 BMP 格式或 JPG 格式。

该类提供了 5 个重载的构造函数，分别是 Public TextureBrush(Image)、Public TextureBrush(Image, Rectangle)、Public TextureBrush(Image, WrapMode)、Public TextureBrush(Image, Rectangle, ImageAttributes)、Public TextureBrush(Image, WrapMode, Rectangle)。

TextureBrush 类构造函数中所涉及的参数如下：

1）参数 Image：用于指定画笔的填充图案。

2）参数 Rectangle：用于指定图像上用于画笔的矩形区域，其位置不能超越图像的范围。

3）参数 WrapMode：用于指示此 TextureBrush 对象的换行模式，有以下几种情况：

① Clamp：完全由绘制对象的边框决定。

② Tile：平铺。

③ TileFlipX：水平方向翻转并平铺图像。

④ TileFlipY：垂直方向翻转并平铺图像。

⑤ TileFlipXY：水平和垂直方向翻转并平铺图像。

4）参数 ImageAttributes：用于指定图像的附加特性参数，如维护多个颜色调整设置，包括颜色调整矩阵、灰度调整矩阵、颜色阈值等，在呈现过程中，颜色可以更正、变暗、变亮等。

TextureBrush 类有 3 个属性：

1）Image：Image 类型，与画笔关联的图像对象。

2）Transform：Matrix 类型，画笔的变换矩阵。

3）WrapMode：枚举成员，指定图像的排布方式。

【例 11.7】 利用 pic11_7.jpg 创建 TextureBrush 示例。

在 Form1.cs 文件头部增加 using 语句，把 pic11_7.jpg 复制到工程所在的 bin\debug 文件夹下，主窗体 Paint 事件处理函数如下：

```
private void Form1_Paint(object sender, PaintEventArgs e)
{
    Graphics g=e.Graphics;
    TextureBrush myBrush=new TextureBrush(new Bitmap ("pic11_7.jpg"));
    g.FillEllipse(myBrush, this.ClientRectangle);
}
```

运行结果如图 11-7 所示。

图 11-7　纹理（图像）画刷演示示例

（4）线性渐变画刷 LinearGradientBrush

线性渐变画刷用于定义线性渐变画笔，可以是双色渐变，也可以是多色渐变。默认情况下，渐变由起始颜色沿着水平方向平均过渡到终止颜色。要定义多色渐变，需要使用 InterpolationColors 属性。

LinearGradientBrush 类构造函数如下：

```
public LinearGradientBrush(Point point1,Point point2,
                Color color1, Color color2)
```

其中，point1 表示线性渐变起始点的 Point 结构；point2 表示线性渐变终结点的 Point 结构；color1 表示线性渐变起始色的 Color 结构；color2 表示线性渐变结束色的 Color 结构。

【例 11.8】线性渐变示例。

增加 using System.Drawing.Drawing2D 引用，主窗体 Paint 事件处理函数如下：

```
private void Form1_Paint(object sender, PaintEventArgs e)
{
    Graphics g=e.Graphics;
    LinearGradientBrush myBrush=new
    LinearGradientBrush(this.ClientRectangle, Color.Yellow, Color.
                Red, LinearGradientMode.Vertical);
    g.FillEllipse(myBrush, this.ClientRectangle);
}
```

运行结果如图 11-8 所示。

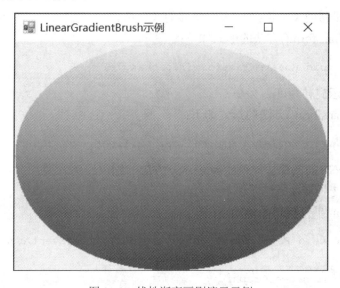

图 11-8　线性渐变画刷演示示例

11.1.5　坐标轴变换

窗体中的坐标轴和我们平时接触的平面直角坐标轴不同，窗体中的坐标轴方向完全相反：窗体的左上角为原点(0,0)，水平向右则 x 增大，垂直下向则 y 增大，如图 11-9 所示。

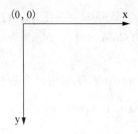

图 11-9　窗体坐标轴

Graphics 类提供了 3 种对图像进行几何变换的方法，分别是 TranslateTransform()方法、RotateTransform()方法和 ScaleTransform()方法，分别用于图形图像的平移、旋转和缩放。

1）TranslateTransform()方法的形式如下：

```
public void TranslateTransform(float dx,float dy)
```

其中，dx 表示平移的 x 分量；dy 表示平移的 y 分量。

2）RotateTransform()方法的形式如下：

```
public void RotateTransform(float angle)
```

其中，angle 表示旋转角度。

3）ScaleTransform()方法的形式如下：

```
public void ScaleTransform(float sx,float sy)
```

其中，sx 表示 x 方向的缩放比例；sy 表示 y 方向的缩放比例。

【例 11.9】3 种变换方法示例。

主窗体 Paint 事件处理函数如下：

```
private void Form1_Paint(object sender, PaintEventArgs e)
{
    Graphics g=e.Graphics;
    //椭圆透明度 80%
    g.FillEllipse(new SolidBrush(Color.FromArgb(80, Color.Red)),
            120, 30, 200, 100);
    g.RotateTransform(30.0f);  //顺时针旋转 30°
    g.FillEllipse(new SolidBrush(Color.FromArgb(80, Color.Blue)),
            120, 30, 200, 100);
    //水平方向向右平移 200 像素,垂直方向向上平移 100 像素
    g.TranslateTransform(200.0f, -100.0f);
    g.FillEllipse(new SolidBrush(Color.FromArgb(50, Color.Green)),
```

```
                    120, 30, 200, 100);
            g.ScaleTransform(0.5f, 0.5f);  //缩小到一半
            g.FillEllipse(new SolidBrush(Color.FromArgb(100, Color.Red)),
                    120, 30, 200, 100);
    }
```

运行结果如图 11-10 所示。

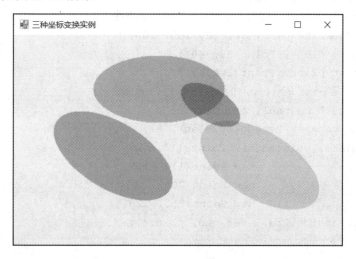

图 11-10　3 种坐标变换示例

11.1.6　基本图形绘制举例

Graphics 类提供了主要的绘图方法，如表 11-2 所示，用来绘制或填充各种图形。本节介绍这些方法。

1. 画线

两个绘制线段的函数和一个绘制多条线段的函数定义如下：

```
    void DrawLine(Pen pen,int x1,int y1,int x2,int y2);
```

其中，pen 为画笔；(x1,y1)为画线起点坐标；(x2,y2)为画线终点坐标。

```
    DrawLine(Pen pen,Point p1,Point  p2);
```

其中，pen 为画笔；点 p1 为画线起点坐标；点 p2 为画线终点坐标。

```
    public void DrawLines(Pen pen,Point[] points);
```

此方法绘制多条线段。从 points[0]到 points[1]画第 1 条线，从 points[1]到 points[2]画第 2 条线，以此类推。

【例 11.10】使用 DrawLine()方法示例。

为主窗体 Paint 事件增加事件处理函数如下：

```
private void Form1_Paint(object sender, PaintEventArgs e)
{
    Graphics g=e.Graphics;
    Pen pen1=new Pen(Color.Red);
    //用笔pen1从点(30,30)到(100,100)画直线
    g.DrawLine(pen1, 30, 30, 100, 100);
    Point p1=new Point(30, 40);
    Point p2=new Point(100, 110);
    //用笔pen1从点(30,40)到(100,110)画直线
    g.DrawLine(pen1, p1, p2);
    Pen pen=new Pen(Color.Black, 3);
    Point[] points={new Point(110, 10),
                    new Point(110, 100),
                    new Point(200, 50),
                    new Point(250, 120)};
    e.Graphics.DrawLines(pen, points);
}
```

运行结果如图 11-11 所示。

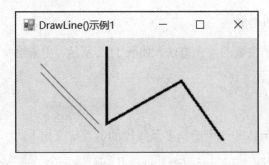

图 11-11　画直线示例

【例 11.11】使用绘制线段函数画任意曲线示例。

为主窗体 Paint 事件增加事件处理函数如下：

```
private void Form1_Paint(object sender, PaintEventArgs e)
{
    //得到窗体的使用的Graphics类对象
    Graphics g=this.CreateGraphics();
    Pen pen1=new Pen(Color.Red);
    float y=50, y1, x1, x2;
```

```
for(int x=0; x<720; x++)  //画 2 个周期正弦曲线
{
    x1=(float)x;
    x2=(float)(x + 1);
    y1=(float)(50+50*Math.Sin((3.14159/180.0)*(x+1)));
    g.DrawLine(pen1, x1, y, x2, y1);
    y=y1;
}
```
}

运行结果如图 11-12 所示。

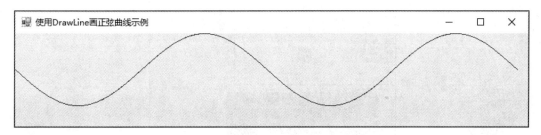

图 11-12　画正弦曲线示例

2．画矩形

一次绘制一个矩形（正方形）的函数定义如下：

```
void  DrawRectangle(Pen  pen,int  x,int  y,int  width,int height);
```

其中，pen 为画笔，画外轮廓线；(x1,y1)为矩形的左上角坐标；width 用于指定矩形的宽；height 用于指定矩形的高。

```
void  DrawRectangle(Pen  pen,Rectangle  rect);
```

其中，pen 为画笔，画外轮廓线；rect 为矩形结构对象。

一次绘制多个矩形（正方形）的函数定义如下：

```
public  void  DrawRectangles(Pen  pen,Rectangle[]  rects);
```

用于绘制一系列由 Rectangle 结构指定的矩形。

【例 11.12】使用 DrawRectangle()方法画矩形。

为主窗体 Paint 事件增加事件处理函数如下：

```
private void Form1_Paint(object sender, PaintEventArgs e)
{
    Graphics g=this.CreateGraphics();
    Pen pen1=new Pen(Color.Red);
```

```
        g.DrawRectangle(pen1, 10, 10, 200, 100);
        Rectangle rect=new Rectangle(20, 120, 200, 80);
        g.DrawRectangle(pen1, rect);
        LinearGradientBrush lBrush=new LinearGradientBrush(rect,Color.Red,
                Color.Yellow, LinearGradientMode.BackwardDiagonal);
        g.FillRectangle(lBrush, rect);
    }
```

运行结果如图 11-13 所示。

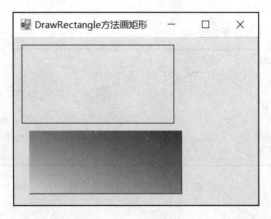

图 11-13　画矩形示例

3. 画弧和画椭圆

DrawArc()方法绘制指定矩形的内切椭圆（圆）中的一段圆弧，方法定义如下：

```
void DrawArc(Pen pen,int x,int y,int width,int height,int StartAngle,
        int EndAngle);
```

其中，pen 为画笔，画外轮廓线；(x,y)为矩形的左上角坐标；width 用于指定矩形的宽；height 用于指定矩形的高；StartAngle 为圆弧的起始角度；EndAngle 为圆弧的结束角度，单位为度。DrawArc()方法指定从矩形的中心点作矩形宽和高的的垂线作为 x、y 轴，中心点为原点。原点右侧 x 轴为 0°，顺时针旋转为正角度，逆时针旋转为负角度。

椭圆是一种特殊的封闭曲线，Graphics 类专门提供了绘制椭圆的两种方法：DrawEllipse()方法和 FillEllipse()方法。常用形式如下：

```
        public void DrawEllipse(Pen pen, Rectangle rect)
```

其中，rect 为 Rectangle 结构，用于确定椭圆的边界。

```
        public void DrawEllipse(Pen pen, int x, int y, int width, int height)
```

其中，(x,y)为椭圆左上角的坐标；width 用于指定椭圆边框的宽度；height 用于指定椭圆边框的高度。

```
public void FillEllipse(Pen pen, Rectangle rect)
```
填充椭圆的内部区域。其中，rect 为 Rectangle 结构，用于确定椭圆的边界。

```
public void FillEllipse(Pen pen, int x, int y, int width, int height)
```
填充椭圆的内部区域。其中，(x,y)为椭圆左上角的坐标；width 用于指定椭圆边框的宽度；height 用于指定椭圆边框的高度。

【例 11.13】画圆弧和椭圆。

为主窗体 Paint 事件增加事件处理函数如下：

```
private void Form1_Paint(object sender, PaintEventArgs e)
{
    Graphics g=this.CreateGraphics();
    Pen pen1=new Pen(Color.Blue);
    g.DrawArc(pen1, 5, 5,100, 100, 0, 45); //画圆弧
    Pen pen2=new Pen(Color.Red);
    g.DrawEllipse(pen2, 10, 10, 200, 100);  //画椭圆
    Rectangle rect=new Rectangle(20, 20, 100, 100); //画圆
    g.DrawEllipse(pen2, rect);
}
```

运行结果如图 11-14 所示。

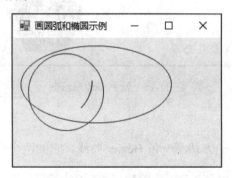

图 11-14　圆弧和椭圆示例

4. 多边形

由于多边形也是封闭的，所以 C#中也有两种绘制方法：使用 DrawPolygon()方法绘制多边形轮廓，使用 FillPolygon()方法填充多边形的封闭区域。

【例 11.14】绘制多边形示例。

为主窗体 Paint 事件增加事件处理函数如下：

```
private void Form1_Paint(object sender, PaintEventArgs e)
{
    Graphics g=e.Graphics;
    Pen pen=new Pen(Color.Red);
    Point[] points={
                new Point(50,50),new Point(100,100),
                new Point(75,150), new Point(25,150),
                new Point(0,100)   };
    e.Graphics.DrawPolygon(pen, points);
    points=new Point[]
       { new Point(250,50),new Point(300,100),
         new Point(275,150),new Point(225,150),
         new Point(200,100) };
    g.FillPolygon(new SolidBrush(Color.Red), points);
}
```

运行结果如图 11-15 所示。

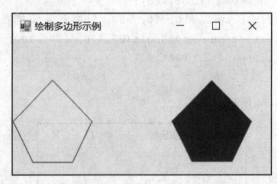

图 11-15 绘制多边形示例

5. Bezier 曲线

可以使用 DrawBezier()方法画一条 Bezier 曲线。它的两个画线函数定义如下：

```
Void DrawBezier(Pen pen,float x1,float y1,
    float x2,float y2,float x3,float y3,float x4,float y4);
```

其中，pen 为画笔对象，画轮廓线；(x1,y1)为起始点；(x2,y2)为第一控制点；(x3,y3)为第二控制点；(x4,y4)为结束点。

```
Void DrawBezier(Pen pen,Point p1,Point p2,Point p3,Point P4);
```

其中，pen 为画笔对象，画轮廓线；p1 为起始点；p2 为第一控制点；p3 为第二控制点；p4 为结束点。

【例 11.15】绘制 Bezier 曲线示例。

为主窗体 Paint 事件增加事件处理函数如下：

```
private void Form1_Paint(object sender, PaintEventArgs e)
{
    Graphics g=this.CreateGraphics();
    Pen pen1=new Pen(Color.Red);
    g.DrawBezier(pen1, 10, 10, 200, 100, 50, 60, 100, 200);
    Pen blackPen=new Pen(Color.Black, 3);
    Point[] bezierPoints=
                    {   new Point(50, 100),
                        new Point(100, 10),
                        new Point(150,290),
                        new Point(200, 100),
                        new Point(250,10),
                        new Point(300, 290),
                        new Point(350,100)
                    };
    g.DrawBeziers(blackPen, bezierPoints);
}
```

运行结果如图 11-16 所示。

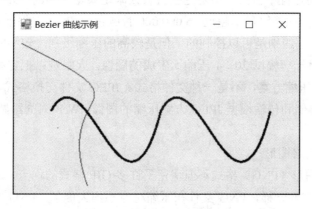

图 11-16　绘制 Bezier 曲线示例

11.2　C#图像处理基础

本节主要介绍 C#图像处理基础知识及对图像的基本处理方法和技巧，主要包括图像的加载、变换和保存，以及对彩色图像的处理，包括逆化、浮雕、平滑、霓虹、锐化等操作。

11.2.1 C#图像处理概述

1. 图像文件的类型

GDI+支持的图像格式有 BMP、GIF、JPEG、EXIF、PNG、TIFF、ICON、WMF、EMF 等，涵盖了大部分常用图像格式，使用 GDI+可以显示和处理多种格式的图像文件。

（1）位图文件

位图文件（BMP）是 Windows 使用的一种标准格式，用于存储设备无关和应用程序无关的图像。

BMP 文件通常不压缩，因此不太适合 Internet 传输。

（2）可交换图像文件格式

可交换图像文件格式（GIF）是一种用于在 Web 页中显示图像的通用格式。GIF 文件是压缩的，但是在压缩过程中没有信息丢失，解压缩的图像与原始图像完全一样。GIF 文件中的一种颜色可以被指定为透明，这样图像将具有显示它的任何 Web 页的背景色。在单个文件中存储一系列 GIF 图像可以形成一个动画 GIF。GIF 文件每像素颜色最多用 8 位表示，所以它们只限于使用 256 种颜色。

（3）JPEG 文件

JPEG 是联合摄影专家组提出的一种适应于自然景观（如扫描的照片）的压缩方案。一些信息会在压缩过程中丢失，但是这些丢失人眼是察觉不到的。JPEG 文件每像素颜色用 24 位表示，因此能够显示超过 16 000 000 种颜色。JPEG 文件不支持透明或动画。JPEG 图像中的压缩级别是可以控制的，但是较高的压缩级别（较小的文件）会导致丢失更多的信息。对于一幅以 20∶1 压缩比生成的图像，人眼难以把它和原始图像区别开来。JPEG 是一种压缩方案，不是一种文件格式。JPEG 文件交换格式（JFIF）是一种文件格式，常用于存储和传输根据 JPEG 方案压缩的图像。Web 浏览器显示的 JFIF 文件使用.jpg 扩展名。

（4）可移植网络图形

可移植网络图形（PNG）格式不但保留了许多 GIF 格式的优点，还提供了超出 GIF 的功能。像 GIF 文件一样，PNG 文件在压缩时也不损失信息。PNG 文件能以每像素 8 位、24 位或 48 位来存储颜色，并以每像素 1 位、2 位、4 位、8 位或 16 位来存储灰度。相比之下，GIF 文件只能使用每像素 1 位、2 位、4 位或 8 位。PNG 文件还可为每个像素存储一个透明度 alpha 值，该值指定了该像素颜色与背景颜色混合的程度。PNG 优于 GIF 之处在于它能够逐渐显示一幅图像，也就是说，当图像通过网络连接到达时显示将越来越近似。PNG 文件可包含伽马校正和颜色校正信息，以便图像可在各种各样的显示设备上精确地呈现。

2. 图像类

GDI+提供了 Image、Metafile 和 Bitmap 等类用于图像处理,为用户进行图像格式的加载、变换和保存等操作提供了方便。

(1) Image 类

Image 类是为 Bitmap 类和 Metafile 类提供功能的抽象基类。

(2) Metafile 类

Metafile 类用于定义图形图元文件,图元文件包含描述一系列图形操作的记录,这些操作可以被记录(构造)和回放(显示)。

(3) Bitmap 类

封装 GDI+位图由图形图像及其属性的像素数据组成,Bitmap 用于处理由像素数据定义的图像的对象,它属于 System.Drawing 命名空间,该命名空间提供了对 GDI+基本图形功能的访问。常用的 Bitmap 类属性和方法如表 11-3 和表 11-4 所示。

表 11-3 常用的 Bitmap 类属性

名称	说明
Height	获取此 Image 对象的高度
RawFormat	获取此 Image 对象的格式
Size	获取此 Image 对象的宽度和高度
Width	获取此 Image 对象的宽度

表 11-4 常用的 Bitmap 类方法

名称	说明
GetPixel	获取此 Bitmap 中指定像素的颜色
MakeTransparent	使默认的透明颜色对此 Bitmap 透明
RotateFlip	旋转、翻转或者同时旋转和翻转 Image 对象
Save	将 Image 对象以指定的格式保存到指定的 Stream 对象
SetPixel	设置 Bitmap 对象中指定像素的颜色
SetPropertyItem	将指定的属性项设置为指定的值
SetResolution	设置此 Bitmap 的分辨率

Bitmap 类有多种构造函数,因此可以通过多种形式建立 Bitmap 对象。例如,从指定的现有图像建立 Bitmap 对象:

```
Bitmap b1=new Bitmap(pictureBox1.Image);
```

从指定的图像文件建立 Bitmap 对象,其中"D:\MyImages\TestImage.bmp"是已存在的图像文件:

```
Bitmap b2=new Bitmap("D:\\MyImages\\TestImage.bmp");
```

从现有的 Bitmap 对象建立新的 Bitmap 对象：

```
Bitmap b3=new Bitmap(b1);
```

【例 11.16】在窗体中放置 Button 和 PictureBox 控件。在 Button 单击事件中用 SetPixel 画点，GetPixel 得到指定点的颜色。

增加 Button 控件单击事件函数如下：

```
private void button1_Click(object sender, EventArgs e)
{
    pictureBox1.Width=480;                    //指定 pictureBox1 的宽和高
    pictureBox1.Height=110;
    Bitmap bits=new Bitmap(480, 110);  //建立位图对象,宽=720,高=110
    int x,y;
    for(x=0; x<480; x++)//画正弦曲线
    {
        y=(int)(50+50*Math.Sin((3.14159/180.0)*x));
        bits.SetPixel(x, y, Color.Red);
    }
    pictureBox1.Image=bits;                   //位图对象在 pictureBox1 中显示
    Color c1=bits.GetPixel(20,(int)(50+50*Math.Sin((3.14159/180.0)*20)));
    string s="R="+c1.R+",G="+c1.B+",G+"+c1.G;
    MessageBox.Show(s);
}
```

运行结果如图 11-17 所示。

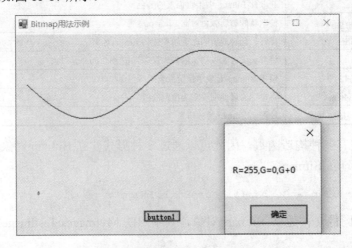

图 11-17　Bitmap 用法示例

3. 图像的显示

可以使用 GDI+显示以文件形式存在的图像。图像文件可以是 BMP、JPEG、GIF、TIFF、PNG 等。实现步骤：创建一个 Bitmap 对象，指明要显示的图像文件；创建一个 Graphics 对象，表示要使用的绘图平面；调用 Graphics 对象的 DrawImage()方法显示图像。

（1）创建 Bitmap 对象

Bitmap 类有很多重载的构造函数，其中之一是

```
Public Bitmap(string filename)
```

可以利用该构造函数创建 Bitmap 对象。例如：

```
Bitmap bitmap=new Bitmap("pic11_2.jpg");
```

（2）DrawImage()方法

Graphics 类的 DrawImage()方法用于在指定位置显示原始图像或者缩放后的图像。该方法的重载形式非常多，其中之一为

```
Public void DrawImage(Image image, int x, int y, int width, int height)
```

该方法在指定位置按指定的大小显示图像。利用该方法可以直接显示缩放后的图像。

【例 11.17】在窗体中放置一个 button1 按钮，在单击按钮的事件代码中显示图像。
在单击按钮的事件中增加处理函数如下：

```
private void button1_Click(object sender, System.EventArgs e)
{
    Bitmap bitmap=new Bitmap("pic11_2.jpg");
    Graphics g=this.CreateGraphics();
    g.DrawImage(bitmap,3,10,200,200);
    g.DrawImage(bitmap,250,10,50,50);
    g.DrawImage(bitmap,350,10,bitmap.Width/2, bitmap.Height/2);}
```

运行结果如图 11-18 所示。

图 11-18　绘制图像文件示例

4. 保存图像

使用画图功能在窗体上绘制出图形或者图像后,可以将其以多种格式保存到图像文件中。

【例 11.18】在窗体中分别放置"画图""保存""显示"3 个按钮,单击"画图"按钮绘制图形,单击"保存"按钮将绘制的图像保存到文件中,单击"显示"按钮将保存到文件中的图像显示在窗体中。

(1) 添加命名空间引用

```
using System.Drawing.Drawing2D;
```

(2) 添加"画图"按钮的 Click 事件代码

```
private void button1_Click(object sender, System.EventArgs e)
{
    Graphics g=this.CreateGraphics();
    DrawMyImage(g);
}
```

(3) 添加调用的方法

```
private void DrawMyImage(Graphics g)
{
    Rectangle rect1=new Rectangle(0,0,this.Width/4,this.Height-100);
    HatchBrush hatchBrush=new HatchBrush(HatchStyle.Shingle,
                                 Color.White, Color.Black);
    g.FillEllipse(hatchBrush, rect1);
    Rectangle rect2=new Rectangle(this.Width/4+50, 0,
                            this.Width/4, this.Height-100);
    hatchBrush=new HatchBrush(HatchStyle.WideUpwardDiagonal,
                        Color. White, Color.Red);
    g.FillRectangle(hatchBrush, rect2);
    int x=this.Width-50-this.Width/4;
    TextureBrush myBrush=new TextureBrush(new Bitmap("pic10_3.jpg"));
    g.FillEllipse(myBrush, x-80, 60,300 ,200);
}
```

(4) 添加"保存"按钮的 Click 事件代码

```
private void button2_Click(object sender, System.EventArgs e)
{
    //构造一个指定区域的空图像
    Bitmap image=new Bitmap(this.Width,this.Height-100);
```

```
//根据指定区域得到Graphics对象
Graphics g=Graphics.FromImage(image);
//设置图像的背景色
g.Clear(this.BackColor);
//将图形画到Graphics对象中
DrawMyImage(g);
Try{
    //保存画到Graphics对象中的图形
    image.Save(@"D:\tu1.jpg",System.Drawing.Imaging.ImageFormat.
        Jpeg);
    g=this.CreateGraphics();
    Rectangle rect=new Rectangle(0,0,this.Width,this.Height-100);
    g.FillRectangle(new SolidBrush(this.BackColor),rect);
    MessageBox.Show("保存成功!","恭喜");}
catch(Exception err){
    MessageBox.Show(err.Message);   }
}
```

(5) 添加"显示"按钮的 Click 事件代码

```
private void button3_Click(object sender, System.EventArgs e)
{
    Rectangle rect=new Rectangle(0,0,this.Width,this.Height-100);
    Graphics g=this.CreateGraphics();
    Image image=new Bitmap(@"D:\tu1.jpg");
    g.DrawImage(image,rect);
}
```

运行结果如图 11-19 所示。

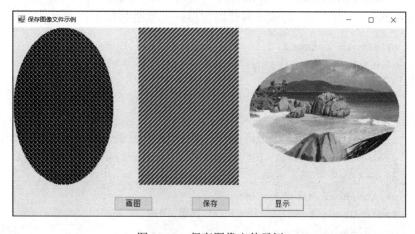

图 11-19 保存图像文件示例

11.2.2 彩色图像处理

1. 彩色图像的颜色值的获取

参考例 11.16，使用 Bitmap 类的 GetPixel()方法获取图像上坐标(x,y)点像素的颜色值：

```
Color c=new Color();
Bitmap box1=new Bitmap(pictureBox1.Image);
C=box1 .GetPixel(x,y);
```

彩色位图颜色值分解像素颜色值 c 是一个长整形的数值，最高位字节的值为"0"，其他三位为 B、G、R，值为 0～255。然后从 c 值中分解出的 RGB 值可直接使用，如：

```
int r=c.R; int g=c.G; b=c.B;
```

2. 改变图像的分辨率

图像分辨率决定了与原物的逼近程度。分辨率通常以乘法形式表现，如 800×600，其中"800"表示屏幕上水平方向显示的点数，"600"表示屏幕上垂直方向显示的点数。对于同一大小的图像，其像素越多，即将图像分割得更精细，图像越清晰，称为分辨率高，反之分辨率低。可以采用变换的方法实现不同分辨率显示图像。

【例 11.19】将 256×256 像素的图像变换为 64×64 像素。

算法说明：将 256×256 像素的图像变换为 64×64 像素方法是将源图像分成 4×4 的子图像块，然后将该 4×4 子图像块的所有像素的颜色按该子块左上角 F(i,j)的颜色值进行设置，达到降低分辨率的目的。

1）新建项目。放两个 PictureBox 控件到窗体，属性 Name 分别为 pictureBox1 和 pictureBox2，修改 pictureBox1 属性 Image，使其显示一幅图。

2）将 Button 控件添加到窗体，为其增加事件处理函数如下：

```
private void button3_Click(object sender, EventArgs e)
{
    Color c;
    int i, j, size, k1, k2, xres, yres;
    xres=pictureBox1.Image.Width;      //pictureBox1 显示的图像的宽
    yres=pictureBox1.Image.Height;     //pictureBox1 显示的图像的高
    size=4;
    pictureBox2.Width=xres;
    //pictureBox2 和 pictureBox1 同宽,同高
    pictureBox2.Height=yres;
```

```
Bitmap box1=new Bitmap(pictureBox1.Image);
Bitmap box2=new Bitmap(xres, yres);
for(i=0; i<=xres-1; i+=size)
{
    for(j=0; j<=yres-1; j+=size)
    {
        c=box1.GetPixel(i, j);
        for(k1=0; k1<=size-1; k1++)
        {
            for(k2=0; k2<=size-1; k2++)
                box2.SetPixel(i+k1, j+k2, c);
        }
    }
}
pictureBox2.Image=box2;
}
```

3）运行，单击"button1"按钮，在 pictureBox2 中可以看到分别率低的图形。输入图像分辨率为 256×256 像素，转换为 64×64 像素的图像，如图 11-20 所示。

图 11-20　改变图像的分辨率示例

3. 彩色图像变换灰度图像

彩色图像变换灰度图像就是把彩色图像转换成灰度图像。一般情况下，彩色图像每像素用 3 字节表示，每字节直接对应 R、G、B 分量的亮度值，转换后的黑白图像的一像素用一字节表示该点的灰度值，它的值 0~255，数值越大，该点越白，即越亮，反之数值越小，该点就越黑，即越暗。要使图像灰度化就是将彩色图像像素的颜色值分解为三基色 R、G、B，求其和的平均值，然后使用 SetPixel()方法以该平均值参数生成图像。由于 R、G、B 的取值是[0,255]，所以灰度的级别只有 256 级，即灰度图像仅能表现 256 种灰度颜色。

【例 11.20】本例把彩色图像变换为灰度图像。其方法是将原彩色图形每一个点的颜色取出，求出红色、绿色、蓝色分量的平均值，即(红色+绿色+蓝色)/3，作为这个点的红色、绿色、蓝色分量，这样就把彩色图像变成了灰度图像。其具体步骤如下：

1）新建项目。将两个 PictureBox 控件添加到窗体，Name 属性分别为 pictureBox1、pictureBox2，修改 pictureBox 1 属性 Image，使其显示一幅图。

2）将 Button 控件添加到窗体，为其增加事件函数如下：

```csharp
private void button1_Click(object sender, EventArgs e)
{
    Color c=new Color();
    //把图片框1中的图片给一个Bitmap 类型
    Bitmap b1=new Bitmap(pictureBox1.Image);
    Bitmap b2=new Bitmap(pictureBox1.Image);
    int rr, gg, bb, cc;
    for(int i=0; i<pictureBox1.Width; i++)
    {
        for(int j=0; j<pictureBox1.Height; j++)
        {
            c=b1.GetPixel(i, j);
            rr=c.R; gg=c.G; bb=c.B;
            cc=(int)((rr+gg+bb)/3);
            if(cc<0)   cc=0;
            if(cc>255)  cc=255;
            //用FromArgb 把整数类型转换成颜色值
            Color c1=Color.FromArgb(cc, cc, cc);
            b2.SetPixel(i, j, c1);
        }
        pictureBox2.Image=b2;//图片赋给图片框2 }
    }
}
```

3）运行，单击"button1"按钮，在 pictureBox2 中可以看到黑白图形，如图 11-21 所示。

图 11-21　图像灰度化示例

4. 各种图片效果对应的原理及算法

（1）逆反（显示底片颜色）处理

实现原理：GetPixel()方法获得每一像素的值，再使用 SetPixel()方法将取反后的颜色值设置到对应的点。

算法：r=255-f(i,j).R
　　　g=255-f(i,j).G
　　　b=255-f(i,j).G

将处理后的分量合成新的像素重新放到点(i,j)处。

（2）平滑处理

实现原理：平滑处理就是将源图像的每一像素的颜色值由与其相邻的 N×N 个像素的平均值代替，下面以 3×3 点阵平滑处理的算法为例。

算法：f(i-1,j-1)　　f(i,j-1)　　f(i+1,j-1)
　　　f(i-1,j)　　　f(i,j)　　　f(i+1,j)
　　　f(i-1,j+1)　　f(i,j+1)　　f(i+1,j+1)
　　　r=(f(i-1,j-1).R+f(i-1,j).R+f(i-1,j+1).R+f(i,j-1).R+f(i,j).R+f(i,j+1).R
　　　　+f(i+1,-1).R+f(i+1,j).R+f(i+1,j+1).R)/9

g、b 的处理方法和 r 相同，将处理后的 r、g、b 重新生成新的像素放到(i,j)点。

（3）霓虹处理

实现原理：首先计算源图像的像素(i,j)点的分量值与同行的下一像素(i+1,j)及相同列的下一像素(i,j+1)的分量的梯度，即差的平方和的平方根，然后将梯度值作为新的像素重新放回(i,j)。

算法：r1=(f(i,j).R-f(i+1,j).R)^2
　　　r2=(f(i,j).R-f(i,j+1).R)^2
　　　r=2*(r1+r2)^0.5

用同样的方法得到 gg、bb，然后生成新的像素值放到(i,j)点。

（4）锐化处理

实现原理：突出显示颜色值大（即形成形体边缘）的像素点。

算法：拉普拉斯滤波核 3×3 矩阵，如图 11-22 所示。

	-1	
-1	5	-1
	-1	

图 11-22　拉普拉斯滤波核 3×3 矩阵

拉普拉斯锐化法计算公式：

$$r=5f(i,j).R-f(i-1,j).R-f(i+1,j).R-f(i,j+1).R-f(i,j-1).R$$

g、b 的处理相同。

（5）浮雕处理

实现原理：将图像像素点的像素值分别与相邻像素点的像素值相减后加上 128，然后将其作为新的像素点的值。

算法：将 f(i,j)与同行前一个点的像素之差加上 128，将得到的新的像素放到(i,j)点。

$$r=|f(i,j)\ -f(i-1,j)+128|$$

g、b 的处理相同。

算法代码如下：

```
r=Math.Abs(r2-r1+128);
g=Math.Abs(g2-g1+128);
b=Math.Abs(b2-b1+128);
```

【例 11.21】在窗体中分别放置"底片效果""平滑效果""霓虹效果""锐化效果""浮雕效果"5 个按钮和 6 个 PictureBox，修改 pictureBox1 属性 Image，使其显示一幅图。添加各按钮的单击事件，对 pictureBox1 的图像进行相应处理，并将处理结果分别显示在 pictureBox2～pictureBox6 中。

各按钮的单击事件处理函数如下：

```
private void button1_Click(object sender, EventArgs e)
{
    //以底片效果显示图像
    int Height=this.pictureBox1.Image.Height;
    int Width=this.pictureBox1.Image.Width;
    Bitmap newbitmap=new Bitmap(Width, Height);
    Bitmap oldbitmap=(Bitmap)this.pictureBox1.Image;
    Color pixel;
    for(int x=1; x<Width; x++) {
```

```csharp
        for(int y=1; y<Height; y++) {
            int r, g, b;
            pixel=oldbitmap.GetPixel(x, y);
            r=255-pixel.R;
            g=255-pixel.G;
            b=255-pixel.B;
            newbitmap.SetPixel(x, y, Color.FromArgb(r, g, b));
        }
    }
    this.pictureBox2.Image=newbitmap;
}

private void button2_Click(object sender, EventArgs e)
{
    //以平滑效果显示图像
    int Height=this.pictureBox1.Image.Height;
    int Width=this.pictureBox1.Image.Width;
    Bitmap bitmap=new Bitmap(Width, Height);
    Bitmap MyBitmap=(Bitmap)this.pictureBox1.Image;
    Color pixel;
    //平滑模板,计算周围9点平均值
    int[] Gauss={1, 1, 1, 1, 1, 1, 1, 1, 1};
    for(int x=1; x<Width-1; x++){
       for(int y=1; y<Height-1; y++) {
            int r=0, g=0, b=0;
            nt Index=0;
            for(int col=-1; col<=1; col++){
                for(int row=-1; row<=1; row++) {
                    pixel=MyBitmap.GetPixel(x+row, y+col);
                    r+=pixel.R*Gauss[Index];
                    g+=pixel.G*Gauss[Index];
                    b+=pixel.B*Gauss[Index];
                    Index++;
                }
            }
            r/=9;
            g/=9;
            b/=9;
            //处理颜色值溢出
            r=r>255?255:r;
```

```csharp
                r=r<0?0:r;
                g=g>255?255:g;
                g=g<0?0:g;
                b=b>255?255:b;
                b=b<0?0:b;
                bitmap.SetPixel(x-1, y-1, Color.FromArgb(r, g, b));
            }
        }
        this.pictureBox3.Image=bitmap;
    }

    private void button3_Click(object sender, EventArgs e)
    {
        //以霓虹效果显示图像
        int Height=this.pictureBox1.Image.Height;
        int Width=this.pictureBox1.Image.Width;
        Bitmap newBitmap=new Bitmap(Width, Height);
        Bitmap oldBitmap=(Bitmap)this.pictureBox1.Image;
        Color pixel1, pixel2, pixel3;
        for(int x=0; x<Width-1; x++) {
            for(int y=0; y<Height-1; y++) {
                int r=0, g=0, b=0;
                pixel1=oldBitmap.GetPixel(x, y);
                pixel2=oldBitmap.GetPixel(x, y+1);
                pixel3=oldBitmap.GetPixel(x+1, y);
                r=2*(int)Math.Sqrt((pixel3.R-pixel1.R)*(pixel3.R-pixel1.R)
                         +(pixel2.R-pixel1.R)*(pixel2.R-pixel1.R));
                g=2*(int)Math.Sqrt((pixel3.G - pixel1.G)*(pixel3.G
                    - pixel1.G) +(pixel2.G-pixel1.G)*(pixel2.G-pixel1.G));
                b=2*(int)Math.Sqrt((pixel3.B - pixel1.B)*(pixel3.B
                    - pixel1.B) +(pixel2.B-pixel1.B)*(pixel2.B-pixel1.B));
                if(r>255)   r=255;
                if(r<0)     r=0;
                if(g>255)   g=255;
                if(g<0)     g=0;
                if(b>255)   b=255;
                if(b<0)     b=0;
                newBitmap.SetPixel(x, y, Color.FromArgb(r, g, b));
            }
        }
```

```
        this.pictureBox4.Image=newBitmap;
}

private void button4_Click(object sender, EventArgs e)
{
    //以锐化效果显示图像
    int Height=this.pictureBox1.Image.Height;
    int Width=this.pictureBox1.Image.Width;
    Bitmap newBitmap=new Bitmap(Width, Height);
    Bitmap oldBitmap=(Bitmap)this.pictureBox1.Image;
    Color pixel;
    //拉普拉斯模板
    int[] Laplacian={0, 0, -1, -1, 5, -1, -1, 0, 0 };
    for(int x=1; x<Width-1; x++){
        for(int y=1; y<Height-1; y++) {
            int r=0, g=0, b=0;
            int Index=0;
            for(int col=-1; col<=1; col++){
                for(int row=-1; row<=1; row++) {
                    pixel=oldBitmap.GetPixel(x+row, y+col);
                    r+=pixel.R*Laplacian[Index];
                    g+=pixel.G*Laplacian[Index];
                    b+=pixel.B*Laplacian[Index];
                    Index++;
                }
            }
            //处理颜色值溢出
            if(r<0)         r=0;
            if(g>255)       g=255;
            if(g<0)         g=0;
            if(b>255)       b=255;
            if(b<0)         b=0;
            newBitmap.SetPixel(x-1, y-1, Color.FromArgb(r, g, b));
        }
    }
    this.pictureBox5.Image=newBitmap;
}

private void button5_Click(object sender, EventArgs e)
{
```

```csharp
//以浮雕效果显示图像
int Height=this.pictureBox1.Image.Height;
int Width=this.pictureBox1.Image.Width;
Bitmap newBitmap=new Bitmap(Width, Height);
Bitmap oldBitmap=(Bitmap)this.pictureBox1.Image;
Color pixel1, pixel2;
for(int x=0; x<Width-1; x++) {
    for(int y=0; y<Height-1; y++) {
        int r=0, g=0, b=0;
        pixel1=oldBitmap.GetPixel(x, y);
        pixel2=oldBitmap.GetPixel(x+1, y+1);
        r=Math.Abs(pixel1.R-pixel2.R+128);
        g=Math.Abs(pixel1.G-pixel2.G+128);
        b=Math.Abs(pixel1.B-pixel2.B+128);
        if(r<0)      r=0;
        if(g>255)    g=255;
        if(g<0)      g=0;
        if(b>255)    b=255;
        if(b<0)      b=0;
        newBitmap.SetPixel(x, y, Color.FromArgb(r, g, b));
    }
}
this.pictureBox6.Image=newBitmap;
```

运行结果如图 11-23 所示。

图 11-23 彩色图像处理算法示例

习 题

1．创建红色的笔对象和蓝色的刷子对象，绘制矩形定义的圆或椭圆，矩形左上角坐标为(10,10)，宽和高各为 100 像素。

2．创建 3 个透明度为 128 的红、绿、蓝刷子，绘制 3 个图 11-24 所示的矩形。

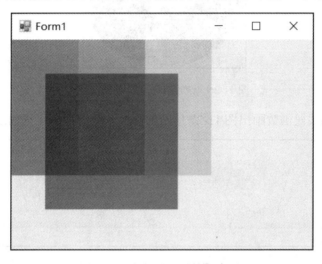

图 11-24　透明度应用实验

3．复习 Pen 类常用的属性：Color 为笔的颜色，Width 为笔的宽度，DashStyle 为笔的样式，EndCap 和 StartCap 为线段终点和起点的外观。通过设置笔的属性 DashStyle、EndCap 和 StartCap 不同选项的样式，绘制图 11-25 所示的线形。

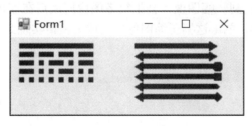

图 11-25　笔的属性设置实验

4．使用位图文件 pic11_9.jpg 建立位图类对象，作为画刷的图案，绘制图 11-26 所示的图形。

图 11-26 纹理（图像）画刷实验

5．使用绘制线段函数画出图 11-27 所示的具有 8 个周期的正弦曲线。

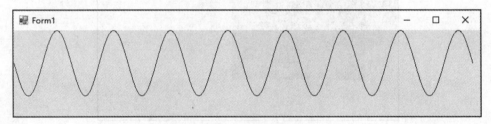

图 11-27 使用绘制线段函数画正弦曲线实验

6．利用单色画刷画出一个带有删除线的粗体的文本行。

7．使用 PictureBox 控件显示图像，修改属性 SizeMode 为不同值。例如，pictureBox1.SizeMode=PictureBoxSizeMode.StretchImage，观看效果。

8．有时为了很快找到一幅图像，会把很多图像压缩后在窗体中并排显示，如希望更仔细地查看某幅图像，单击这幅压缩图像使其放大。请实现此功能。

参 考 文 献

黄光荣，李昌领，李继良，2009．C#程序设计实用教程[M]．北京：清华大学出版社．
刘甫迎，2015．C#程序设计教程[M]．北京：电子工业出版社．
刘秋香，王云，姜桂洪，2011．Visual C# .NET 程序设计[M]．北京：清华大学出版社．
NAGEL C, EVJEN B, GLYNN J, et al, 2010．C#高级编程[M]．李铭，译．7 版．北京：清华大学出版社．